校企合作教材

液压传动实训教程

YEYA CHUANDONG SHIXUN JIAOCHENG

主　编　秦春彬　冯桂倩　闫丰伟
副主编　孙秀茹　王　超　孙雪林
　　　　唐建利　祝贞凤　刘万华
　　　　孙海超　韩　起　郝明轩

中国地质大学出版社
ZHONGGUO DIZHI DAXUE CHUBANSHE

图书在版编目(CIP)数据

液压传动实训教程/秦春彬,冯桂倩,闫丰伟主编;孙秀茹等副主编. —武汉:中国地质大学出版社,2024.11. —ISBN 978-7-5625-5992-4

Ⅰ. TH137

中国国家版本馆 CIP 数据核字第 2024X3L231 号

秦春彬	冯桂倩	闫丰伟	**主　编**
孙秀茹	王　超	孙雪林	**副主编**
唐建利	祝贞凤	刘万华	
孙海超	韩　起	郝明轩	

液压传动实训教程

| 责任编辑:杨　念 | 选题策划:杨　念 | 责任校对:何澍语 |

出版发行:中国地质大学出版社(武汉市洪山区鲁磨路388号)　　邮编:430074
电　　话:(027)67883511　　传　　真:(027)67883580　　E-mail:cbb@cug.edu.cn
经　　销:全国新华书店　　　　　　　　　　　　　　　　　http://cugp.cug.edu.cn

开本:787mm×1092mm　1/16	字数:132千字	印张:6
版次:2024年11月第1版	印次:2024年11月第1次印刷	
印刷:武汉邮科印务有限公司		
ISBN 978-7-5625-5992-4		定价:30.00元

如有印装质量问题请与印刷厂联系调换

前　言

　　为切实提高职业院校人才培养质量,满足产业转型升级对高素质复合型、创新型技术技能人才的需求,在深化产教融合校企合作背景下,本教材应运而生。编者按照实际工作岗位要求重新设计课程结构,进行以岗位工作流程为导向的课程改革,重新整合教学内容,依托真实的项目、案例、职业规范和程序等进行教学。

　　本教材以理论教学为依据,以锻炼学生的动手能力为出发点,着眼于工程实践中经常用到的液压操作系统,将本专业的实操技术技能划分为4个项目和11项任务,涵盖了液压传动系统的4个组成部分,即动力元件装置、执行元件装置、控制元件装置和辅助元件装置的所有内容。通过本课程的学习,学生在夯实专业基础的同时,培养专业兴趣,培养发现问题、解决问题的能力,提高综合实践能力,成为兼顾理论与实践的高素质技能型人才。

　　本教材的特点是结合工程实践,以实操为主,侧重对学生动手操作能力的培养。目的是通过实践性教学加深学生对抽象的理论性知识的理解,做到学以致用。教材中选取的任务侧重实用性与可操作性。按照专业设置与专业需求对接、课程内容与职业标准对接、教学过程与生产过程对接的要求,本教材突出理论点、知识点和能力要求。

　　本教材的编写秉承校企合作精神,得到了招金矿业股份有限公司的大力支持,该企业提供了一定的试验场所和技术支持,使得很多实训项目得以验证。烟台黄金职业学院秦春彬老师负责统稿,并编写了项目一;烟台黄金职业学院冯桂倩、闫丰伟老师编写了项目二;烟台黄金职业学院孙秀茹、王超老师编写了项目三;烟台黄金职业学院孙雪林老师、招金矿业股份有限公司蚕庄金矿的唐建利编写了项目四和安全操作规程。另外烟台黄金职业学院的祝贞凤、刘万华、孙海超、韩起、郝明轩也参与了本书的部分工作,在此向所有参与人员表示感谢!

　　由于编写人员水平有限,加之时间仓促,书中难免存在疏漏和不妥之处,恳请读者给予指正,以便在今后的修订中完善。

编　者
2024年3月

目　录

安全操作规程 …………………………………………………………………… (1)

项目一　液压动力元件的性能 ………………………………………………… (4)
　　第一节　液压泵的工作原理及结构 ……………………………………… (5)
　　第二节　液压泵的基本性能参数 ………………………………………… (9)
　　任务一　液压元件的认知与拆装 ………………………………………… (11)
　　任务二　液压泵的性能调试 ……………………………………………… (16)

项目二　液压执行元件的性能 ………………………………………………… (20)
　　第一节　液压缸 …………………………………………………………… (20)
　　第二节　液压马达 ………………………………………………………… (27)
　　任务三　双作用液压缸的压力传动比测试 ……………………………… (30)
　　任务四　液压马达的控制 ………………………………………………… (33)
　　任务五　液压执行元件的运动方向控制 ………………………………… (35)
　　任务六　液压缸差动连接回路控制 ……………………………………… (37)

项目三　液压控制元件的性能 ………………………………………………… (40)
　　第一节　方向控制阀及方向控制回路 …………………………………… (41)
　　第二节　压力控制阀及压力控制回路 …………………………………… (49)
　　第三节　流量控制阀与节流调速回路 …………………………………… (60)
　　任务七　溢流阀的静态特性测试 ………………………………………… (69)
　　任务八　节流阀的性能测试 ……………………………………………… (72)
　　任务九　双缸互锁回路设计 ……………………………………………… (75)
　　任务十　速度换接回路设计 ……………………………………………… (78)

项目四　液压辅助元件的性能 ………………………………………………… (81)
　　第一节　蓄能器 …………………………………………………………… (81)
　　第二节　其他辅助元件 …………………………………………………… (84)
　　任务十一　蓄能器保压回路实训 ………………………………………… (88)

主要参考文献 …………………………………………………………………… (90)

安全操作规程

一、液压传动实训试验台的使用总则

(1) 确保试验台距离墙和设备的最小距离大于 1m。
(2) 在紧急情况下,按动"急停按钮"切断电源,确保设备以及人身安全。
(3) 电气装置只能由专业人员进行连接和维护。
(4) 保护邻近的设备不被油液污染(油液溢出不能损坏贵重的元件)。
(5) 油液与眼睛和嘴接触时可能会对人的健康造成危害,操作时注意不要用沾油的手接触面部。此外,滴在地上的油滴可能会使人滑倒受伤,一旦油液污染地面应立即清理干净。

二、试验台使用规定

(1) 在实验之前和实验之后应将主开关置于"off"位。
(2) 为了保护自己,应该确保在连接回路过程中,没有人启动液压泵,或者将流向试验台的油路切断。
(3) 通过拉动快速接头进行检查,确保所有的快速接头连接可靠。
(4) 软管不能过分弯曲或折叠,否则会有爆裂的危险。
(5) 随时检查接头和软管的情况,以使其保持最佳状态。

三、电气安全规程

(1) 电气装置是指使用电能用于传递和处理信息的装置。电气设备是由电气装置连接在一起构成的。使用电气装置和设备必须遵守《国家电气设备安全技术规范》(GB 19517—2023)的有关规定。

必须区分电气专业人员、受过培训的人员和非专业人员,牢记参与实验的学生属于非专业人员,他们只能在工作电压一般最大不超过 24VDC 或 60VAC 的系统和设备上工作。

(2) 只有系统的危险源可控时,才允许对电气控制系统进行操作。当使用电气控制系统时,实验学生必须意识到:机器的运动可能会给人带来危险或使自身损坏。

四、操作和维护保养

(1) 实验油温须控制在 20~50℃ 的范围内。

(2)电机启动前,必须将溢流阀全松开,转阀、卸荷阀务必置于正确位置。

(3)油泵工作后,溢流阀的压力调定值(泵的出口压力)最大不得超过泵的额定压力值的10%。

(4)液压元件的孔口连接必须正确,元件之间的连接必须紧固、密封。

(5)根据不同的实验项目,选择适宜的油泵。

(6)实验完成后,活塞杆须收回到油缸中。

(7)实验完成后,须卸压后再停机。

(8)第一次注油工作72h后,须将油放净,将油箱清洗干净、晾干,油液过滤后,再注入油箱。之后根据油液的理化指标,更换油液。

(9)密封易损件须适时更换。

(10)主台须罩套,元件、测量仪器应及时收捡,注意防尘。

五、实训试验台

本教材中所展示的实训项目由以下试验台完成(图 0-1、图 0-2)。

图 0-1 湖南长庆机电科教有限公司生产的 CQYZ-M/B1 试验台

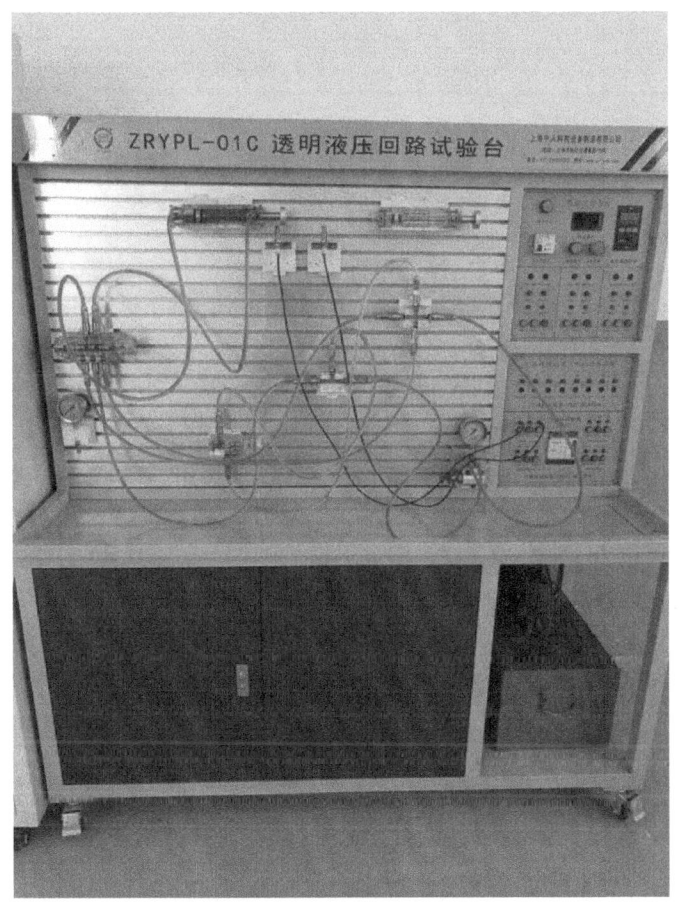

图 0-2　上海中人科教设备制造有限公司生产的 ZRYPL-01C 透明液压回路试验台

项目一　液压动力元件的性能

一、项目目标

项目目标可细分为知识目标、能力目标、素养目标和课程思政(表1-1)。

表1-1　项目目标细分表

知识目标	①了解各种液压泵的结构及工作原理； ②掌握液压泵的主要参数、性能； ③了解液压泵常用类型与图形符号； ④了解各种液压泵的优点和缺点以及选用原则
能力目标	①加深对液压泵相关性能参数、概念的理解； ②掌握公式的含义，学会公式的运用技巧，并具有相关的计算能力
素养目标	培养学生的动手操作能力，专业技能达到工程实践需求
课程思政	结合液压泵的工作原理，激发学生的创新意识，在课堂中融入"贵阳造"液压泵助力嫦娥五号登上月球的例子，培养学生的爱国情怀，使学生树立在工程领域为国增光的理想信念

二、项目导读

液压动力元件(也称能源装置)作用：将电动机(或其他原动机)输出的机械能转换为液体的压力能，为系统提供动力。

常见液压泵的种类按照结构分类可分为叶片泵、柱塞泵、齿轮泵、螺杆泵等；按照输出流量是否可调可分为定量泵和变量泵；按照输出液流的方向可分为单项泵、双向泵。这些都属于容积泵——是利用工作容积周期性变化来输送液体的。

容积泵实现吸油和压油的过程必须具备以下3个条件：

(1)具有一个或若干个能周期性变化的密封容积；

(2)具有配流装置，即将吸、压油腔隔开；

(3)吸油过程中，油箱必须与大气相通。

液压泵按照输出压力的大小不同可分为低压泵、中压泵、中高压泵、高压泵、超高压泵等,如表1-2所示。

表1-2 液压泵按输出压力分类表

类型	低压泵	中压泵	中高压泵	高压泵	超高压泵
压力/MPa	<2.5	2.5～8	8～16	16～32	>32

在液压控制原理图中,规定了一系列的图形符号用于代表不同的液压元件,以便于分析与阅读。各种液压泵的图形符号如图1-1所示。

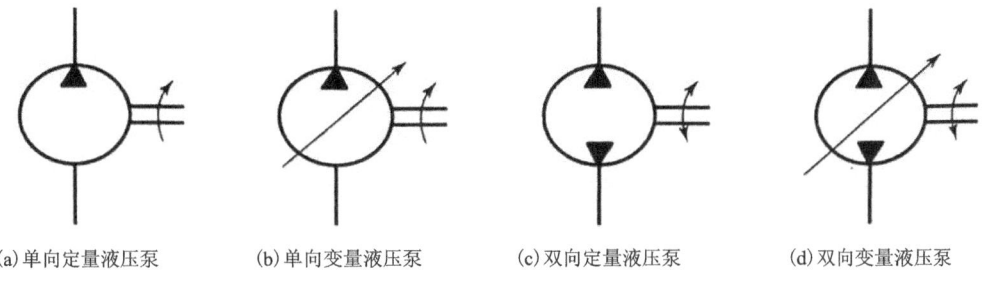

(a)单向定量液压泵　　(b)单向变量液压泵　　(c)双向定量液压泵　　(d)双向变量液压泵

图1-1　各种液压泵的图形符号

后文以中低压系统中常用的叶片泵、齿轮泵以及中高压系统常用的柱塞泵为例,分别讲解其结构与工作原理。

第一节　液压泵的工作原理及结构

一、叶片泵

叶片泵在机床液压系统中应用最广。按其输出流量是否可调分为定量叶片泵和变量叶片泵;按其转子转一周吸、排油的次数可分为双作用叶片泵和单作用叶片泵(前者是定量泵,后者是变量泵)。

叶片泵具有流量均匀、运转平稳、噪声小等优点,但结构比较复杂,自吸能力差,对油液污染比较敏感。

1. 双作用叶片泵

双作用叶片泵的结构如图1-2所示。

定子内表面由两段长半径圆弧、两段短半径圆弧和4段过渡曲线组成。定子和转子是同心的。当转子顺时针方向旋转时,密封工作腔的容积在左上角和右下角处逐渐增大,为吸油区;在左下角和右上角处逐渐减小,为压油区;吸油区和压油区之间有一段封油区将吸油区、压油区隔开。

转子旋转时,在离心力和叶片根部油压的作用下,叶片顶部紧靠在定子内表面上,这样在每两个叶片之间和定子的内表面、转子的外表面及前后配油盘形成了一个密封工作腔。

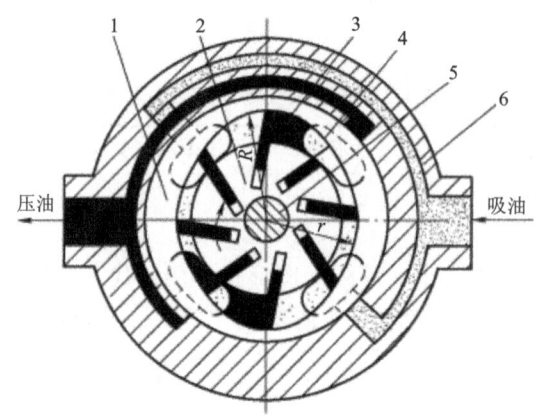

1.定子;2.转子;3.吸油腔;4.配油盘;5.中心轴;6.壳体;R.配油盘大径;r.配油盘小径。

图 1-2 双作用叶片泵的结构

泵的转子每转一周,每个密封工作腔完成吸油、压油各两次,故称为双作用叶片泵。又因为泵的两个吸油区和压油区是径向对称的,使作用在转子上的径向液压力平衡,所以又称为卸荷式叶片泵。

2. 单作用叶片泵

单作用叶片泵的结构如图 1-3 所示。

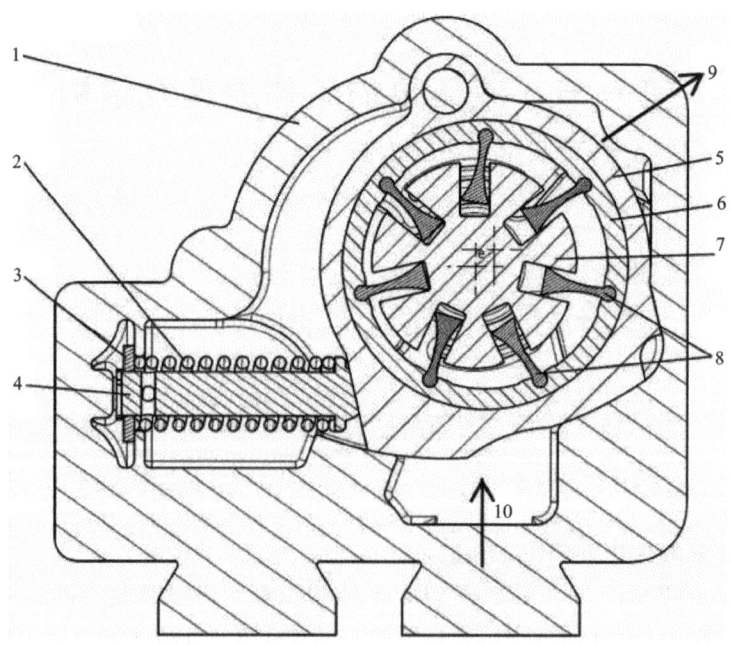

1.壳体;2.弹簧;3.压力调节旋钮;4.滑块;5.定子;6.配油盘;7.转子;8.叶片;9.出油口;10.吸油口。

图 1-3 单作用叶片泵的结构

单作用叶片泵的转子回转时,由于离心力的作用,叶片紧靠在定子内壁上,这样在定子、转子、叶片和两侧配油盘间就形成了若干个密封的工作区间。当转子按照逆时针的方向回转时,叶片逐渐伸出,叶片间的工作空间逐渐增大,从吸油口吸油,这就是吸油腔。叶片被定子内壁逐渐压进槽内,工作空间逐渐减小,将油液从压油口压出,这就是压油腔。

转子每转一转,密封容积只变化一次,完成一次吸油和压油,故称为单作用叶片泵。转子与定子之间有一偏心量 e,配油盘只开一个吸油窗口和一个压油窗口。由于转子单向承受压油腔油压的作用,径向力不平衡,所以又称为非卸荷式叶片泵。

二、齿轮泵

齿轮泵是低压系统应用比较广泛的液压泵,这里就不再赘述其结构和工作原理了,但是需要引起注意的是齿轮泵存在以下 3 个问题:

(1)齿轮泵的泄漏;
(2)径向力不平衡;
(3)齿轮泵的"困油现象"以及如何解决困油的措施方法。

齿轮泵要能连续地供油,就要求齿轮啮合的重叠系数 ε 大于 1,也就是当一对齿轮尚未脱开啮合时,另一对齿轮已进入啮合,这样就出现同时有两对齿轮啮合的瞬间,在两对齿轮的齿向啮合线之间形成了一个封闭容积,一部分油液也就被困在这一封闭容积中(图 1-4(a)),齿轮连续旋转时,这一封闭容积便逐渐减小,到两啮合点处于节点两侧的对称位置时(图 1-4(b)),封闭容积为最小,齿轮再继续转动时,封闭容积又逐渐增大,直到图 1-4(c)所示位置时,容积变为最大。在封闭容积减小时,被困油液受到挤压,压力急剧上升,使轴承上突然受到很大的冲击载荷,造成泵剧烈振动,这时高压油从一切可能泄漏的缝隙中挤出,造成功率损失,使油液发热等。当封闭容积增大时,由于没有油液补充,因此形成局部真空,使原来溶解于油液中的空气分离出来,形成气泡,油液中产生气泡后,会引起噪声、气蚀等。以上情况就是齿轮泵的困油现象,这种困油现象严重影响着泵的工作平稳性和使用寿命。

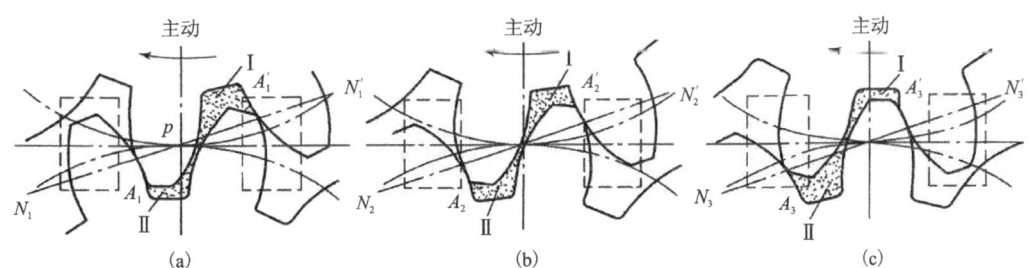

Ⅰ、Ⅱ.啮合齿轮间的密闭容积;p.两节圆的节点;A_1、A_1'、A_2、A_2'、A_3、A_3'.啮合点;N_1-N_1'、N_2-N_2'、N_3-N_3'.啮合齿轮的啮合线。

图 1-4 齿轮泵的困油现象

为了消除困油现象,在 CB-B 型齿轮泵的泵盖上铣出两个困油卸荷槽(图 1-5),卸荷槽的位置应该使困油腔由大变小时,能通过卸荷槽与压油腔相通;而当困油腔由小变大时,能通过另一卸荷槽与吸油腔相通。两个卸荷槽之间的距离为 a,必须保证在任何时候压油腔和吸油腔都不能互通。

图 1-5 所示为对称双矩形卸荷槽。它以两齿轮的中心线为基准，加工出对称的两个卸荷槽。其中，t_0 为啮合齿轮的法向齿距，α 为齿轮的压力角。

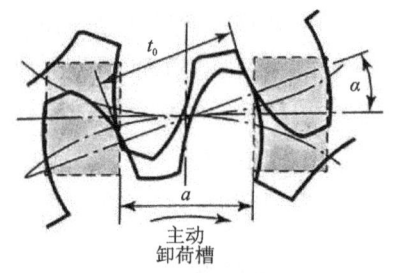

图 1-5　消除齿轮泵的困油现象——开设卸荷槽

三、柱塞泵

柱塞泵是靠柱塞在缸体中做往复运动造成密封容积的变化来实现吸油与压油的液压泵。柱塞泵具有很多优点：①构成密封容积的零件为圆柱形的柱塞和缸孔，加工方便，可得到较高的配合精度，密封性能好，在高压环境中工作仍有较高的容积效率；②只需改变柱塞的工作行程就能改变流量，易于实现变量；③柱塞泵中的主要零件均受压应力作用，材料强度性能可得到充分利用。

由于柱塞泵压力高、结构紧凑、效率高、流量调节方便，故在需要高压、大流量、大功率的系统中和流量需要调节的场合，如龙门刨床、拉床、液压机、工程机械、矿山冶金机械、船舶上得到广泛的应用。柱塞泵按柱塞的排列和运动方向不同，可分为轴向柱塞泵、径向柱塞泵两大类。

1. 轴向柱塞泵的结构及工作原理

轴向柱塞泵是将多个柱塞配置在一个共同缸体的圆周上，并使柱塞中心线和缸体中心线平行的一种泵。轴向柱塞泵有直轴式（斜盘式）和斜轴式（摆缸式）两种形式。图 1-6 为直轴式轴向柱塞泵的工作原理示意图。斜盘轴线与缸体轴线倾斜一角度，柱塞靠机械装置或在低压油作用下压紧在斜盘上（图中为弹簧），配油盘 4 和斜盘 1 固定不转，当原动机通过传动轴使缸体转动时，由于斜盘的作用，迫使柱塞在缸体内做往复运动，并通过配油盘的配油窗口进行吸油和压油。如图 1-6 中所示回转方向，当缸体转角在左半圈范围内，柱塞向外伸出，柱塞底部缸孔的密封工作容积增大，通过配油盘的吸油窗口吸油；当缸体转角在右半圈范围内，柱塞被斜盘推入缸体，使缸孔容积减小，通过配油盘的压油窗口压油。缸体每转一周，每个柱塞各完成一次吸油、压油，如改变斜盘倾角，就能改变柱塞行程的长度，即改变液压泵的排量；改变斜盘倾角方向，就能改变吸油和压油的方向，成为双向变量泵。

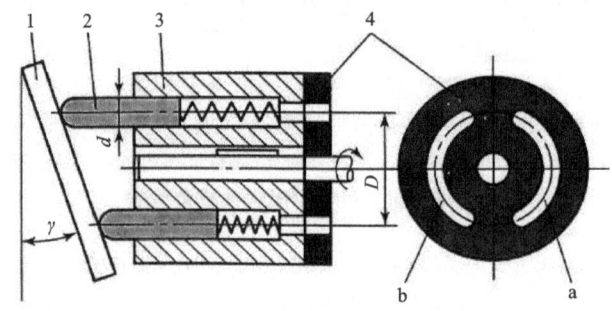

1.斜盘；2.柱塞；3.缸体；4.配油盘；a.压油窗口；b.吸油窗口；γ.倾角；d.柱塞直径；D.缸体有效直径。

图 1-6　直轴式轴向柱塞泵的工作原理示意图

轴向柱塞泵的优点是结构紧凑，径向尺寸小，惯性小，容积效率高。目前最大压力可达40MPa，甚至更大，一般用于工程机械、压力机等高压系统中，但其轴向尺寸较大，轴向作用力大，结构比较复杂。

2. 径向柱塞泵的结构及工作原理

图1-7为径向柱塞泵的工作原理示意图。转子2上径向分布着数个柱塞孔，孔中装有柱塞1。转子2的中心定子4和转子2之间有一个偏心量e，在固定不动的配油轴5上，相对于柱塞孔的部位有相互隔开的上、下两个缺口，这两个缺口又分别通过所在部位的两个轴向孔与泵的吸油口、压油口连通。当转子转动时，在离心力作用下，柱塞的头部与定子的内表面紧紧接触，因为转子与定子之间有一个偏心量，所以柱塞在随转子转动的同时，又在柱塞孔内做径向往复滑动。当转子2按图1-7(b)中所示方向旋转时，位于上半周的工作容腔处于吸油状态，油箱中的油液经配油轴的孔进入吸油腔；位于下半周的工作容腔则处于压油状态，将油从配油轴的孔向外输出。柱塞在转子的径向孔内运动，形成了泵的密封工作容腔。改变定子与转子偏心量e的大小和方向，就可以改变泵的输出流量和泵的吸油、压油方向。径向柱塞泵可用作双向变量泵。

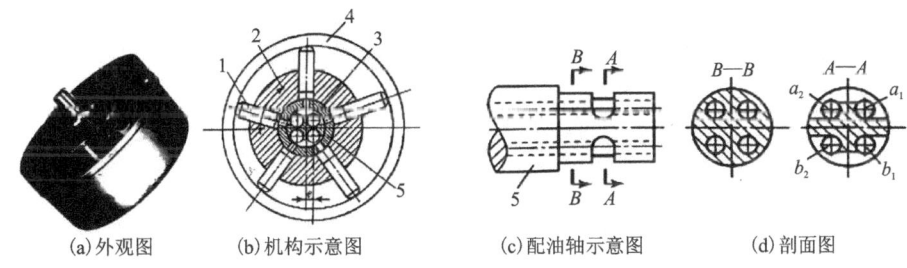

(a)外观图　(b)机构示意图　(c)配油轴示意图　(d)剖面图

1.柱塞；2.转子；3.配油铜套；4.中心定子；5.配油轴；a_1、a_2.吸油口；b_1、b_2.排油口。

图1-7　径向柱塞泵的工作原理示意图

径向柱塞泵的优点是流量大，工作压力较高，便于做成多排柱塞形式，轴向尺寸小，工作可靠，容积效率和机械效率都较高；缺点是径向尺寸大，自吸能力差，配油轴受径向不平衡液压力作用，易于磨损，限制了转速和工作压力的提高。

第二节　液压泵的基本性能参数

了解了液压泵的基本原理和结构之后，我们需要掌握其主要的工作性能参数，熟知液压泵的有关计算公式。

1. 液压泵的压力

(1)工作压力p。液压泵的工作压力是指它输出油液的压力，其大小由负载决定。

(2)公称(额定)压力。液压泵的公称(额定)压力是指液压泵在使用中允许到达的最大工作压力，超过此值就是过载。液压泵的公称压力应符合国家标准《流体传动系统及元件公称压力系列》(GB/T 2346—2003)的规定。

(3)最高工作压力。液压泵和液压马达的最大工作压力是指液压泵或液压马达在短时间内过载时所允许到达的极限压力。

2. 液压泵的排量和流量

(1)排量 V。液压泵的排量是指泵轴每转一转,由其密封容积的几何尺寸变化计算而得出的排出液体的体积。公称排量应符合《液压泵及马达公称排量系列》(GB/T 2347—1980)的规定。

(2)流量 q_V。①理论流量。液压泵的理论流量是指泵在单位时间内由其密封容积的几何尺寸变化计算而得出的排出液体的体积,理论流量等于排量与其转速的乘积。②实际流量。液压泵的实际流量是指泵工作时实际输出的流量,等于理论流量减去泄漏损失的流量。③公称流量。液压泵的公称流量,是指泵在公称转速和公称压力下的输出流量。

3. 液压泵的功率和效率

(1)泵的输入功率 P_i。驱动泵轴的机械功率叫泵的输入功率 P_i。

$$P_i = T 2\pi n \tag{1-1}$$

式中　T——泵轴上的实际输入转矩($N \cdot m$);

　　　n——泵轴的转速(r/min)。

(2)泵的输出功率 P_o。泵输出的液压功率叫泵的输出功率 P_o。

$$P_o = p_P \cdot q_P \tag{1-2}$$

式中　P_o——液压泵的输出功率(W);

　　　P_p——液压泵的工作压力(Pa);

　　　q_P——液压泵的实际输出流量(m^3/s)。

(3)泵的总效率 η。由于泵在能量转换时有能量损失(机械摩擦损失、泄漏流量损失),泵的输出功率总是小于泵的输入功率。

①容积效率 η_{VP}。由于泵在工作中存在泄漏,使实际输出流量小于理论流量(q_t),即 $q_P = q_t - \Delta q$。液压泵的容积效率为实际输出流量与理论流量的比值,则

$$\eta_{VP} = \frac{q_P}{q_t} = \frac{q_t - \Delta q}{q_t} = 1 - \frac{\Delta q}{q_t} \tag{1-3}$$

②机械效率 η_{mP}。泵在工作中存在机械损耗和液体黏性引起的摩擦损失,因此,泵的实际输入转矩必然大于泵所需理论转矩。则

$$\eta_{mP} = \frac{T_t}{T_i} \tag{1-4}$$

式中　T_t——理论转矩($N \cdot m$);

　　　T_i——实际转矩($N \cdot m$)。

③总效率 η_P。液压泵的总效率为泵的输出功率(P_o)与输入功率(P_i)之比,也等于泵的容积效率与机械效率的乘积,即

$$\eta_P = \frac{P_o}{P_i} = \eta_{VP} \eta_{mP} \tag{1-5}$$

任务一　液压元件的认知与拆装

一、实训目的

液压元件的认知与拆装,使学生获得液压元件的外观、内部结构,零件的形状、材料及其之间的配合要求等方面的感性认识,从而加深对其工作原理的理解,初步了解和掌握机械拆装的基本常识,锻炼机械维修方面的技能,以便在将来实际工作中设计和使用液压系统时,能正确选用和维修液压元件。

二、拆装注意事项

(1)拆装时务必记录元件及解体零件的拆卸顺序和方向。
(2)拆卸下来的零件,尤其是泵体内的零件,要做到不落地、不划伤、不锈蚀等。
(3)需要用到专用工具时,一定要请老师指导,如使用内卡钳等。
(4)在需要敲打零件时,请用铜棒或者尼龙棒,切忌用铁棒或钢棒。
(5)拆卸(或安装)一组螺钉时,用力要均匀。
(6)安装前要给元件去毛刺,用煤油清洗然后晾干,切忌用棉纱擦干。
(7)检查密封圈有无老化现象,如果有,请更换新的密封圈。
(8)安装时不要将零件的顺序和方向弄反了,注意零件的安装位置和安装精度。有些零件有定位槽孔,一定要对准。
(9)安装完毕,检查现场有无漏装元件,若有,必须重新拆卸一遍,找出原因。

三、实训所用工具及材料

实训所用工具及材料有钳工台虎钳、内六角扳手、活口扳手、螺丝刀、涨圈钳、游标卡尺、钢板尺、润滑油、化纤布料、各类液压泵、液压阀及其他液压元件等。

四、实训内容

(一)外啮合齿轮泵

目标:
(1)通过拆装,掌握外啮合齿轮泵的结构和工作原理。如图 1-8 为 CB-B 型齿轮泵。
(2)分析外啮合齿轮泵产生困油、泄漏、径向力不平衡等现象的原因、危害及解决方法。

1、3.左右端盖；2.泵体；4.压环；5.密封环；6.主动轴；7、9.齿轮；8.从动轴；10.轴承；11.压盖。

图 1-8　CB-B 型齿轮泵

思考题

(1) 齿轮泵的困油是怎样形成的？有何危害？如何解决？

(2) 如何提高外啮合齿轮泵的压力？

(3) 为什么齿轮泵一般吸油口大、出油口小？

(4) 该齿轮泵中存在几种可能产生泄漏的途径？哪种途径泄漏量最大？为减少泄漏，该泵采取了哪些措施？

(5) 如何理解"液压泵压力升高会使流量减小"这句话？

(6) 该 CB-B 型齿轮泵是否有配流装置？它是如何完成吸油、压油分配的？

(7) 观察油液从吸油腔至压油腔的油路途径。

(二) 叶片泵

主要掌握两种叶片泵的结构，理解其工作原理、使用性能，并能正确拆装。

(1) 观察 YB(或 YB_1)型双作用定量叶片泵(图 1-9)的结构特点：如定子环内表面曲线形状、配油盘的作用及尺寸角度要求、转子上叶片槽的倾角。

（2）观察限压式变量叶片泵的结构特点：如转子上叶片槽的倾角、定子环的形状、配油盘的结构、泵体上调压弹簧及流量调节螺钉的位置。

（3）理解单作用变量叶片泵的使用性能，能够绘制其性能曲线。了解双作用叶片泵与单作用叶片泵结构上的主要区别。

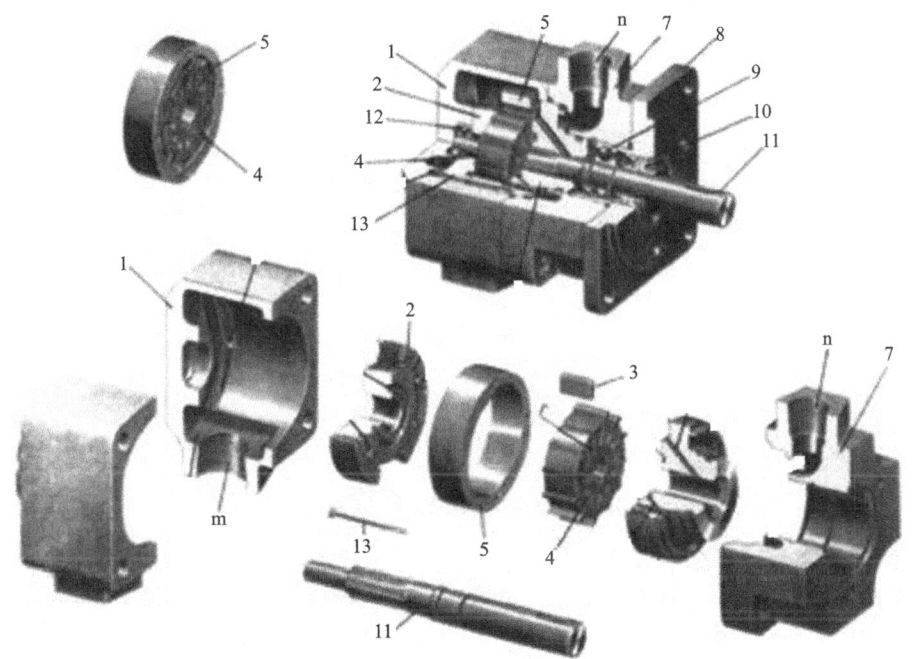

1、7.左右泵体；2、6.配油盘；3.叶片；4.转子；5.定子；8.盖板；9、12.轴承；10.油封；11.传动轴；13.螺钉；m.进油口；n.出油口。

图 1-9　YB₁ 型双作用定量叶片泵

思考题

（1）YB 型（或 YB₁）型双作用定量叶片泵的结构特点是什么？叙述其工作原理。

（2）YB 型（或 YB₁）型双作用定量叶片泵的困油问题是怎样解决的？配油盘上三角槽的作用是什么？

（3）YB 型（或 YB₁）型双作用定量叶片泵密封工作空间由哪些零件组成？共有几个？泵的排量与哪些结构参数有关？如何计算其排量？

（4）观察 YB 型（或 YB₁）型双作用定量叶片泵内有几种泄漏途径？

（三）柱塞泵

柱塞泵按照柱塞排列方向的不同，分为径向柱塞泵和轴向柱塞泵两大类。本实验拆解 SCY14-1B 型轴向柱塞泵，它是斜盘式轴向柱塞泵，而且可以通过改变斜盘的倾角来改变泵的输出流量,故又是一种变量泵。通过拆解与观察,回答下列思考题。

> **思考题**
> (1)轴向柱塞泵的结构和工作原理是什么?
> (2)柱塞泵的应用特点是什么?
> (3)柱塞泵的密封工作容积由哪些零件组成?泵的排量与哪些结构参数有关?如何计算其最大排量?
> (4)柱塞泵的配流装置属于哪种配流方式?它是如何实现配流的?
> (5)柱塞泵的配流盘上有几个槽孔?槽孔各起什么作用?
> (6)变量机构由哪些零件组成?它们如何调节泵的流量?

五、实训的具体操作步骤(以拆、装外啮合齿轮泵为例)

1. 拆装步骤

拆装步骤如下:

(1)把齿轮泵固定在台钳上,确认加紧牢靠之后,再开始拆卸。

(2)用扳手松开前后端盖的紧固螺栓,之后取掉螺栓,拔掉定位销。

(3)卸下前泵盖,观察卸荷槽、吸油腔、压油腔等结构,弄清楚其作用,并分析其工作原理。

(4)从泵体中取出主动齿轮及轴、从动齿轮及轴。

(5)分解端盖与轴承、齿轮与轴、端盖与油封。注意拆卸轴承的时候,最好使用扒轮器,而且用力要轻柔,不能损毁轴承。

装配步骤与拆装步骤相反。

2. 记录零件的拆装方法及零件完好情况

将零件拆装方法及零件完好情况记录于表 1-3 中。

表 1-3 零件拆装方法及零件完好情况

序号	零件名称	所用拆卸工具及检测方法			零件数量	零件完好情况		
		工具	目视	仪器		可用	尚可用	不可用
1								
2								
...	...	...	...	...	...	...	...	...

六、实训的总结与建议

(1)通过实训,总结出主要成果及结论。

(2)对整个实训工作做出分析评价,包括对液压元件工作原理的理解、有何收获和心得体会、还存在哪些不足等。

任务二 液压泵的性能调试

一、实训目的

(1)测定小功率液压泵的工作特性并掌握测试方法。通过对叶片泵的性能测试,做出压力流量曲线,确定被试油泵在额定工况下的容积效率和总效率,了解油泵的主要性能。通过本实验,熟悉油泵实验系统的原理和测试方法。

(2)增进对液压泵工作时的噪声、振动、油压脉动等情况的感性认识。

二、实训原理

液压泵的工作特性主要包括流量特性、功率特性和效率特性。本实验主要测试压力反馈式变量叶片泵的流量特性。

液压泵的实际输出流量随其工作压力的增大而稍有下降,其原因是泄漏流量的增大。而液压泵的理论流量只取决于泵的几何参数和电机转速,与工作压力无关。即

$$q_N = V \times n \times 10^{-3} \tag{1-6}$$

式中　q_N——液压泵理论流量(L/min);

　　　V——泵的排量(L/min);

　　　n——电机转速(r/min)。

液压泵的实际输出流量为

$$q_b = q_N - \Delta q \tag{1-7}$$

式中　Δq——液压泵的泄漏流量(L/min)。

实验时把泵空载时测得的流量 q_0 近似代表为泵的理论流量 q_N。此时节流阀的通流截面全部打开。

液压泵的排量或流量和压力之间的相互作用取决于液压系统中的阻力。一般情况下,当系统的压力升高时,由于泄漏的原因,液压泵的排量会略微下降。压力补偿泵达到所设定的最高压力时,泵的排量会突然下降(零偏心距)。

注意:变量叶片泵必须带有泄漏油口。在此实验中,节流阀用来在系统中建立阻力。另外,给液压泵加载至额定压力,并通过额定流量。此时,压力表指针在额定压力附近会出现有规律的摆动。

三、实训内容

(1)液压泵的流量-压力特性。
(2)液压泵的容积效率-压力特性。
(3)液压泵的总效率-压力特性。

四、液压系统原理图

(1)液压系统原理图见图1-10。

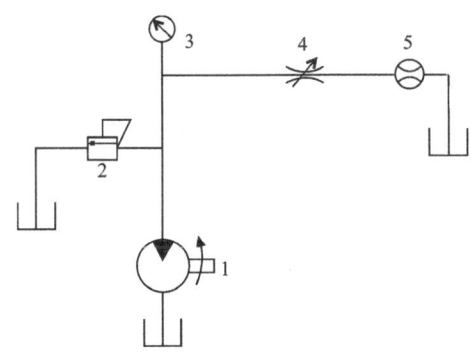

1.叶片泵;2.直动式溢流阀;3.压力表;4.节流阀;5.流量计。

图1-10 液压系统原理图

(2)数据处理公式。

容积效率：

$$\eta = \frac{V_e}{V_i} = \frac{q_e}{q_i} \times \frac{N_i}{N_e} \times 100\% \tag{1-8}$$

输出液压功率：

$$P = \frac{p_e \times q_e}{60\ 000} \tag{1-9}$$

式中 V_e——试验压力时的有效排量(mL/r);

V_i——空载压力时的有效排量(mL/r);

q_e——试验压力时的输出流量(L/min);

q_i——空载压力时的输出流量(L/min);

N_e——试验压力时的转速(r/min);

N_i——空载压力时的转速(r/min);

p_e——输出试验压力(kPa)。

五、实训步骤

(1)依照原理图的要求,选择所需的液压元件,同时检验性能是否完好。

(2)将检验好的液压元件安装在插件板的适当位置,通过快速接头和软管按回路的要求连接。

(3)待确认安装和连接无误:①先将节流阀4开得稍大,直动式溢流阀2完全放松,启动泵空载运行几分钟,排除系统内的空气。②调节直动式溢流阀,使其压力在2～3MPa之间,流量计开始计数之后,稳定运行1～2min,关闭液压泵。③节流阀4完全关闭,然后调节直动式溢流阀 2，将压力升高至泵的最高允许压力 7MPa（但是不能超过 7MPa，防止油管爆裂），关闭液压泵。④全部打开节流阀 4，运转 1min 后，使压力表的读数达到最小值（认定大于额定压力 30%）为空载压力。用流量计和秒表测定空载压力时候的流量。⑤缓慢关小节流阀 4，作为叶片泵的不同负载。对应测出不同负载时的压力 p、流量 q 和液压泵的输出功率 P_w，建议每增加 1MPa 为一个测试单位。

(4) 根据实测数据，绘制出实际的曲线图（与后附曲线图相比）。

(5) 实验完备后，放松溢流阀，将电机关闭，待回路中压力为零时拆卸元件，清理好元件并放入规定抽屉内。

六、实训的数据记录

1. 按照实验测试的数据画出特性曲线图

将实验测试数据填入表 1-4 中，依据表 1-4 中数据画出特性曲线图。

表 1-4 实验测试数据表

负载压力/MPa	泵的流量/(mL·s^{-1})	泵的输出功率/kW
0		
1		
2		
3		
4		
…		

2. 分析、计算问题

(1) 分析液压泵的额定压力、最高压力、工作压力参数，绘出压力-流量曲线。

(2) 计算容积效率。

七、实训的总结与建议

(1) 通过实训，总结出主要成果及结论。

(2) 对整个实训工作做出分析评价，包括对液压元件工作原理的理解、有何收获和心得体会、还存在哪些不足等。

思考题

(1) 定量泵的压力和流量是什么关系？

(2) 节流阀为什么可以对系统加载？

项目巩固——液压泵的选用

在液压系统中,应根据设备的工作压力、流量、工作性能、工作环境来合理选择液压泵的类型和规格,同时还应考虑功率的合理利用和系统发热、经济性等要求。

一般从结构复杂程度、自吸能力、抗油液污染能力和价格等方面来看,齿轮泵为最好。从结构上来看,柱塞泵最为复杂,对油液清洁度要求最高。从工作精度和平稳性上来看,叶片泵最好。从承载能力上来看,重载高压系统常用柱塞泵、叶片泵。从工作环境上来看,齿轮泵适合较差的工作环境,如野外作业。

常用液压泵的性能比较及应用见表1-5。

表1-5 常用液压泵的性能比较及应用

项目	齿轮泵	双作用叶片泵	限压式变量叶片泵	轴向柱塞泵	径向柱塞泵
工作压力/MPa	<20	6.3~21	<7	20~35	10~20
转速范围/(r·min^{-1})	300~7000	500~4000	500~2000	600~6000	700~1800
容积效率/%	0.70~0.95	0.80~0.95	0.80~0.90	0.90~0.98	0.85~0.95
总效率/%	0.60~0.85	0.75~0.85	0.70~0.85	0.85~0.95	0.75~0.92
功率质量比	中等	中等	小	大	小
流量脉动率	大	小	中等	中等	中等
自吸特性	好	较差	较差	较差	差
对油的污染敏感性	不敏感	敏感	敏感	敏感	敏感
噪声	大	小	较大	大	大
寿命	较短	较长	较短	长	长
单位功率造价	最低	中等	较高	高	高
应用范围	机床,工程、农业、一般机械,航空、船舶机械	机床,注塑机,工程、起重运输机械,液压机、飞机	机床,注塑机	工程、锻压、起重、矿山、冶金机械,船舶、飞机	机床,液压机,船舶机械

项目二　液压执行元件的性能

项目目标

项目目标可细分为知识目标、能力目标、素养目标和课程思政(表 2-1)。

表 2-1　项目目标细分表

知识目标	①了解液压缸的主要类型、工作原理、特点及典型结构； ②掌握液压缸基本参数的计算方法； ③掌握活塞缸的不同进油形式及特点
能力目标	①掌握单出杆液压缸的工作特点与速度和推力的计算； ②掌握差动连接的方式、原理以及差动连接在机床中的应用； ③掌握液压执行元件性能参数的应用逻辑，能够完整求解其功率以及效率等
素养目标	通过差动连接实验，培养学生的动手操作能力以及严谨的工作态度
课程思政	通过讲述中国第一台万吨水压机，培养学生勇于面对挑战与困难、迎难而上、艰苦创业的精神

第一节　液压缸

液压执行元件是将液压能转换成机械能的一种能量转换装置。在工程实践中，液压执行元件典型的代表是液压缸和液压马达。二者不同之处为：液压缸输出的是直线往复运动，通常为推力(或拉力)与直线运动速度；而液压马达是将液压能转换成连续回转的机械能，输出的通常为转矩与转速。

一、液压缸的结构以及附属结构

液压缸由缸体组件(缸体、端盖等)、活塞组件(活塞、活塞杆等)、密封件、连接件等基本部分组成。此外，还有缓冲装置和排气装置。本节主要介绍液压缸的泄漏、密封、缓冲和排气等。

1. 液压缸的泄漏

液压缸的压力油可能在固定部件的连接处和相对运动部件的配合处发生泄漏。泄漏有内泄漏和外泄漏 2 种。如图 2-1 所示,液压装置的内、外泄漏直接影响系统的性能和效率,外泄漏还会污染工作环境。泄漏严重时会使整个系统无法工作,泄漏的原因是配合间隙两侧有压力差或相对运动。

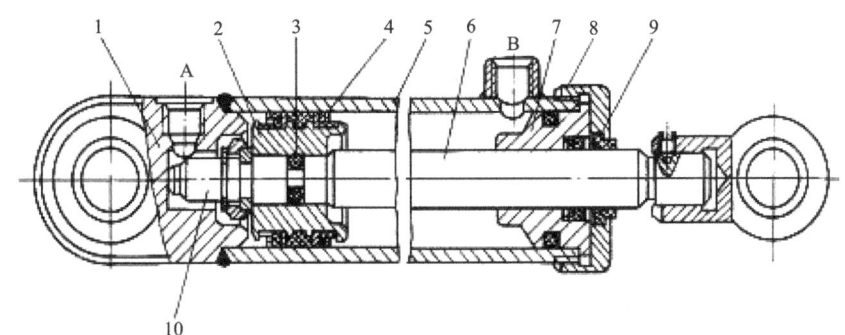

1.缸底;2.活塞;3、9.O 型密封圈;4.Y 型密封圈;5.缸体;6.活塞杆;7.导向套;8.螺帽;10.油路通道;A、B.进(回)油口。

图 2-1 单活塞杆液压缸示意图

1)外泄漏

(1)缸筒与导向套间漏油。缸筒与导向套之间是静密封的。密封圈质量不好、预压量不足、刮伤损坏或扭曲变形、缸筒与导向套配合表面加工粗糙等均可造成缸筒与导向套间漏油。

(2)活塞杆与缸盖配合处漏油。缸盖与活塞杆之间为动密封。因缸体、缸盖、活塞杆及活塞加工和装配不良,或活塞杆弯曲变形,在液压缸工作时,活塞杆与缸体轴线倾斜,使缸盖密封圈单边变形,引起活塞杆与缸盖配合处漏油。

(3)活塞杆与导向套间相接触表面间的漏油。活塞杆与导向套相对运动表面之间的漏油,多数是由安装在导向套上的密封圈损坏,以及活塞杆表面拉伤引起的。

(4)缸体与缸盖间漏油。缸盖处密封圈材质过硬、老化、损伤或重复使用,检修时将密封件损伤或安装不良,均会引起漏油。

(5)液压缸各部件缺陷引起漏油。因缸体和缸盖有制造缺陷,或导向套有砂眼、气孔或缩松等铸造缺陷,在液压系统的压力作用下缺陷逐渐扩大而引起漏油。

2)内泄漏

(1)活塞与缸壁之间内泄。活塞与缸壁之间的密封为动密封。如所选用密封元件形式与材质不当、密封安装部位结构与尺寸不当、安装不符合要求、密封件损坏或脱落、活塞与活塞杆同轴度不符合要求、工作温度过高以及液压油不清洁等都会引起液压缸内泄。

(2)活塞杆与活塞间内泄。活塞杆与活塞之间的密封是静密封。密封槽通常开设在轴上。密封结构设计不当或密封圈选用不当,会引起内泄。

2.液压缸的密封

由于液压缸存在内、外泄漏,因此必须采用适当的密封装置来防止和减少泄漏。常见的密封方法有以下两种。

1)间隙密封

间隙密封如图2-2所示,它是利用运动副间的配合间隙起密封作用的。为了减少泄漏,相对运动部件的配合间隙必须足够小,故对配合面的加工精度和表面粗糙度提出了较高的要求。图2-2中活塞外圆表面上开有若干个环形槽,槽深0.3～0.5mm,主要是为了使活塞四周都有压力油的作用,这有利于活塞的对中以减小活塞移动的摩擦力。这种密封形式主要用于速度较高的低压液压缸与活塞配合处,此外也广泛用于各种泵、阀的柱塞配合处。

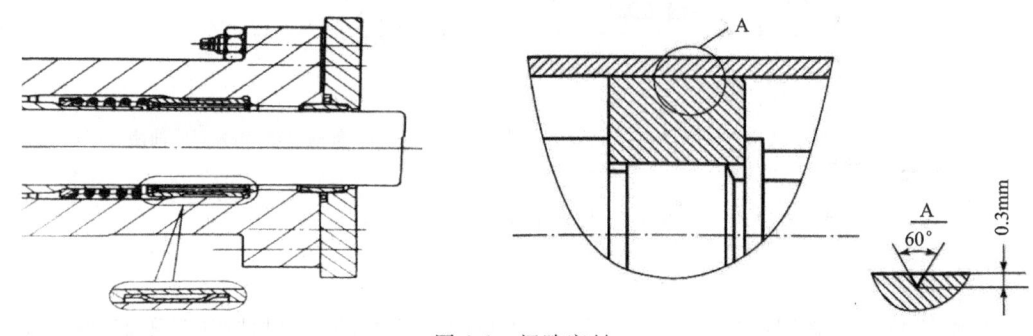

图2-2 间隙密封

2)密封圈密封

密封圈密封是液压系统中应用最广泛的一种密封方法,它通过密封圈本身的受压变形来实现密封。橡胶密封圈的断面通常做成O型、Y型和V型等。

(1)O型密封圈密封。如图2-3所示,a和b均为不同结构处的密封装置,其中,a指防止内泄漏的O型密封圈,b指防止外泄漏的O型密封圈。

O型密封圈密封性能良好,结构简单,摩擦阻力较小,制造容易,成本低,体积小,安装沟槽尺寸小,使用非常方便。可用于直线往复运动和回转运动的密封,也可用于无相对运动的静密封,还可用于外径密封、内径密封及端面密封,应用比较广泛。

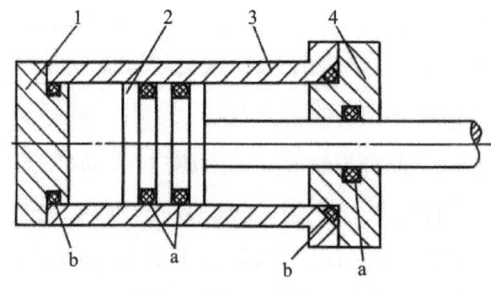

1.后盖;2.活塞;3.缸体;4.前盖。

图2-3 O型密封圈密封

O型密封圈要有适宜的压缩量,当工作压力大于10MPa时,为了防止密封圈挤出,应设置挡圈。

(2) Y 型密封圈密封。如图 2-4 所示,Y 型密封圈一般由耐油的丁腈橡胶制成,它依靠略微张开的唇边贴于密封面而保持密封。在油压作用下,唇边作用在密封面的压力随之增加,并在磨损后有一定的自动补偿能力。所以,Y 型密封圈具有较好的密封性能,且能保证较长的使用寿命。在装配时,一定要使唇边对着压力的油腔,这样才能起到密封作用。为了防止密封圈的翻转现象,改良后的密封圈,其宽度较宽,不易翻转,在密封性、耐磨性、耐油性等方面均优于普通的 Y 型密封圈,工作压力最高可达 32MPa,最高使用温度可达 100℃,应用日趋广泛。

Y 型密封圈分为孔用和轴用两种类型。根据唇边的位置,或者根据唇边是密封孔还是密封轴,即可判断出其属于哪种类型。

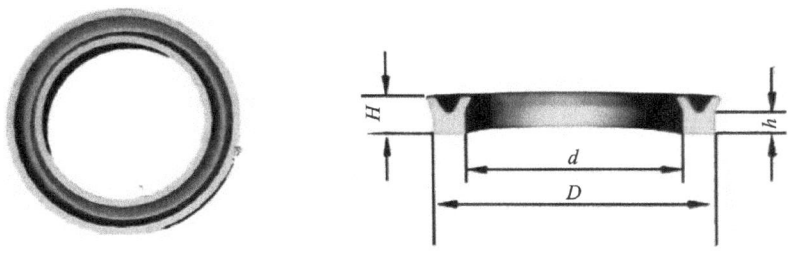

图 2-4　Y 型密封圈

(3) V 型密封圈密封。如图 2-5 所示,V 型密封圈用带夹织物的橡胶制成,由支承环、密封环、压环三部分组成。安装时一定要使开口对着压力的油腔,这样才能起到密封作用。当要求密封压力大于 10MPa 时,可以增加密封环的数量。

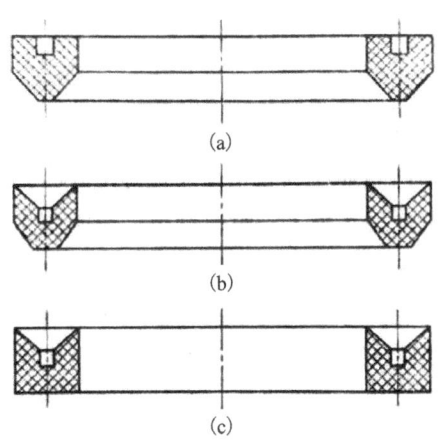

(a)支撑环;(b)密封环;(c)压环。

图 2-5　V 型密封圈

3. 液压缸的缓冲

1) 缓冲的原因

为避免活塞在行程两端与缸盖发生机械碰撞,产生冲击和噪声影响设备工作精度,以至损坏零件,常在大型、高速或高精度液压设备中设置缓冲装置。值得注意的是短行程、轻载荷的液压缸不用设置缓冲装置。

缓冲原理:当活塞与缸盖接近时,利用节流阻尼作用使回油腔产生一定的缓冲压力(回油阻力),活塞运动受阻而逐渐减慢速度得到制动,避免活塞与缸盖相撞,以达到缓冲目的。液压缸中的缓冲装置(2和5),以及缓冲节流阀(16),如图2-6所示。

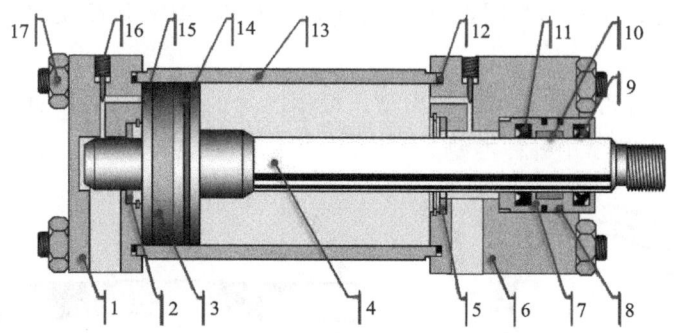

1.缸底;2、5.缓冲装置;3、10.导向套;4.活塞杆;6.缸盖;7.活塞杆主油封;8、11、14.密封装置;9.防尘圈;12.密封垫;13.缸筒;15.活塞;16.缓冲节流阀;17.丝杠螺母。

图 2-6 单活塞杆液压缸的缓冲装置

2)常见的缓冲装置

间隙缓冲装置和节流阀缓冲装置,统称为间隙节流缓冲装置。将运动元件和固定元件做成一凸一凹,使运动到终端时,这两部分构成一定节流间隙,油液的流动受到节流,使运动元件的运动速度逐渐下降以达到缓冲的目的(图2-7)。

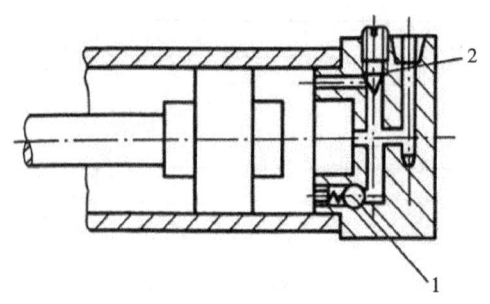

1.单向阀;2.节流阀。

图 2-7 带可调缓冲装置的液压缸

另外,还有一种是活塞外圆端部的轴向开有三角槽节流孔,油液从三角槽中挤压出去。由于三角槽节流面积越来越小,因此该液压缸具有较好的缓冲效果。

液压缸的缓冲只能在液压缸的全行程终了时才能起缓冲作用。

4. 液压缸的排气

1)排气的原因

避免液压系统混入空气,使其工作不稳定,产生振动、噪声、爬行和启动时突然前冲等现象,严重时会使液压系统不能正常工作。

2)常见的排气方法

(1)对于要求不高的液压缸,往往不设置专门的排气装置,而是在缸筒两端的高度设置油口,使缸内的空气随油的流动而排出。使用之前,慢速往复移动液压缸多次(3~5次),即可排除其中的存留空气。

(2)对于要求较高的液压缸,需要设置排气装置,如排气塞、排气阀等,如图2-8所示。

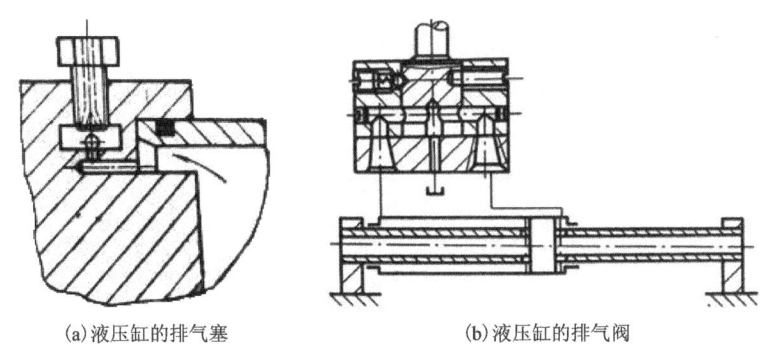

(a)液压缸的排气塞　　　　(b)液压缸的排气阀

图2-8　液压缸的排气装置

二、液压缸的维护保养与常见故障分析

1. 液压缸的维护保养

液压缸是一种常用的传动装置,在使用过程中需要遵守操作规程,注意保养方法。液压缸的保养包括润滑保养、清洗保养、动力部分的保养和应急预防措施。遵守液压缸的操作规程、注重液压缸的保养,能延长液压缸的使用寿命并保障工作安全。保养液压缸不仅能延长其使用寿命,提高其工作效率,还能保证工作安全性。液压缸保养主要以下几个方面。

1)润滑保养

液压缸的润滑保养主要包括液压油的更换和润滑油的加注。液压油需要根据使用情况进行定期更换,一般在使用3000h后进行更换。而润滑油则需要按照液压缸制造商的要求进行加注,一定要使用质量好的润滑油。

2)清洗保养

液压缸需要定期清洗,以去除涂层表面的污垢和油漆。清洗时,可以采用淡碱水或溶剂进行清洗,但清洗液中的溶剂不应超过清洗液总质量的10%。

3)动力部分的保养

液压缸的动力部分主要包括液压缸的液压系统和执行机构。液压缸的液压系统须要定期检查,发现漏油、松动和老化等现象须要及时处理。执行机构须要定期检查活塞杆和密封件的磨损情况。

2. 液压缸的常见故障分析

液压缸的常见故障与排除方法,如表2-2所示。

表 2-2 液压缸的常见故障与排除方法

故障现象	产生原因	排除方法
爬行	①外界空气进入缸内； ②密封压得太紧； ③活塞与活塞杆不同轴； ④活塞杆弯曲变形； ⑤缸筒内壁拉毛，局部磨损严重或腐蚀； ⑥安装位置有误差； ⑦双活塞杆两端螺母拧得太紧； ⑧导轨润滑不良	①开动系统，打开排气塞(阀)强迫排气； ②调整密封，保证活塞杆能用手拉动而试车时无泄漏即可； ③校正或更换，使同轴度小于Φ0.04mm； ④校正活塞杆，保证直线度小于 0.1/1000； ⑤适当修理，严重者重磨缸孔，按要求重配活塞； ⑥校正； ⑦调整； ⑧适当增加导轨润滑油量
推力不足速度不够或逐渐下降	①缸与活塞配合间隙过大或 O 型密封圈被破坏； ②工作时经常用某一段，造成局部几何形状误差增大，产生泄漏； ③缸端活塞杆密封压得过紧，摩擦力太大； ④活塞杆弯曲，使运动阻力增加	①更换活塞或密封圈，调整到合适间隙； ②珩磨(又称镗磨)修复缸孔内径，重配活塞； ③放松、调整密封； ④校正活塞杆
冲击	①活塞与缸筒间用间隙密封时，间隙过大，节流阀失去作用； ②端部缓冲装置中的单向阀失灵，不起作用	①更换活塞，使间隙达到规定要求，检查缓冲节流阀； ②修正、研配单向阀与阀座或更换单向阀与阀座
外泄漏	①密封圈损坏或装配不良使活塞杆处密封不严； ②活塞杆表面损伤； ③管接头密封不严； ④缸盖处密封不良	①检查并更换或重装密封圈； ②检查并修复活塞杆； ③检查并修整； ④检修密封圈及接触面

知识小结

(1)液压执行机构是将液压能转换为机械能的装置，常用的有液压缸和液压马达。

(2)液压缸按结构类型可分为齿轮式、叶片式和柱塞式三大类；根据结构特点可分为活塞缸、柱塞缸、增压缸、多级缸等。

(3)差动液压缸的 3 种进油方式常用于"快进→工进→快退"工作循环的设备，推力和速度的计算较典型。

第二节　液压马达

液压马达是将液体的压力能转换为机械能的能量转换装置。从原理上讲,液压马达和液压泵是可逆的。在结构上,两者也基本相同,但由于功用不同,它们的实际结构有所差别,故一般液压泵不作为液压马达使用。

液压马达按结构形式也可分为齿轮式、叶片式和柱塞式3种类型,按其排量能否调节可分成定量马达和变量马达两类,按其旋转速度可分为高速马达和低速马达。下面对叶片式液压马达和轴向柱塞式液压马达进行简要介绍。

一、叶片式液压马达

叶片式液压马达示意图见图2-9。

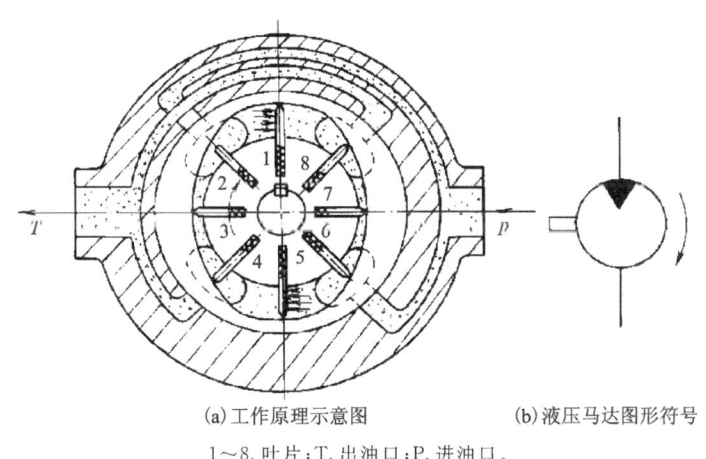

(a)工作原理示意图　　　　(b)液压马达图形符号

1～8.叶片;T.出油口;P.进油口。

图 2-9　叶片液压马达示意图

主要组成:转子、定子、叶片和配油盘。

特点:体积小,转动惯量小,动作灵敏;但其泄漏量较大,低速工作时不稳定。

应用:适用于换向频率较高、转速高、转矩小和动作要求灵敏的场合。

工作原理:当压力油进入压油腔后,在叶片1、3上一侧作用有压力油,另一侧为低压回油。由于叶片3伸出的面积大于叶片1伸出的面积,所以液体作用于叶片3上的作用力大于作用于叶片1上的作用力,从而因为作用力不等而使叶片带动转子作逆时针方向旋转。与此同时,液体作用于叶片7上的作用力大于作用于叶片5上的作用力,也使叶片带动转子作逆时针方向旋转,故液压马达逆时针方向旋转。

二、轴向柱塞式液压马达

轴向柱塞式液压马达示意图见图2-10。

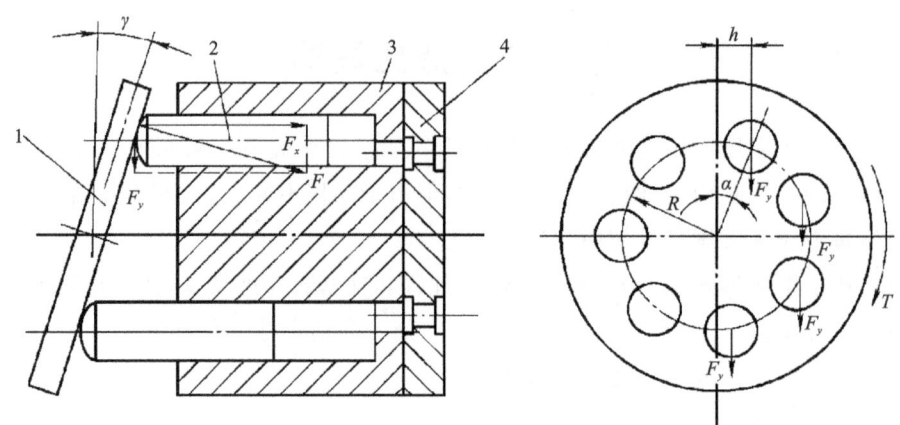

1.斜盘;2.柱塞;3.缸体;4.配油盘;γ.倾角;R.柱塞位置所在半径;α.柱塞位置所在角度;h.位置尺寸;T.转速。

图 2-10　轴向柱塞液压马达示意图

特点:马达输出转矩按正弦规律变化,故输出转矩是脉动的,柱塞数目较多且为单数时,脉动较小。

应用:在较低的转速下工作,用于机床及各种自动控制的液压系统中。

工作原理:斜盘 1 和配油盘 4 固定不动,缸体 3 可绕缸体的水平轴线旋转。当压力油经配油盘进入柱塞底部时,柱塞在压力油的作用下向外顶出,紧紧压在斜盘上,这时斜盘对柱塞的反作用力为 F,将 F 分解为轴向分力 F_x 和切向分力 F_y,切向分力 F_y 对缸体轴线产生力矩,带动缸体旋转。缸体再通过主轴(图中未标明)向外输出转矩和转速。

三、液压马达的性能参数

1. 转速 n_M 和容积效率 η_{MV}

排量 V_M:在没有泄漏的情况下,液压马达每转所需要输入的液体的体积。

理论流量 q_{tM}:液压马达达到要求转速需要的流量。

实际流量 q_M:实际供给液压马达的流量。

$$q_M = q_{tM} + \Delta q \tag{2-1}$$

式中　Δq——液压马达的泄漏量(L/min)。

液压马达的容积效率 η_{VM}:理论流量与实际输入流量之比。

$$\eta_{VM} = \frac{q_{tM}}{q_M} = \frac{V_M n_M}{q_M} \tag{2-2}$$

液压马达的转速 n_M:

$$n_M = \frac{q_M}{V_M} \eta_{VM} \tag{2-3}$$

2. 转矩 T_M 和机械效率 η_{mM}

实际转矩 T_M:

$$T_M = T_{tM} - \Delta T_M \tag{2-4}$$

式中　T_{tM}——理论转矩(N·m);

　　　ΔT_M——摩擦损失(N·m)。

液压马达的机械效率 η_{mM}：实际转矩与理论转矩之比。

$$\eta_{mM} = \frac{T_M}{T_{tM}} \tag{2-5}$$

液压马达的输出转矩 T_M：

$$T_M = T_{tM}\eta_{mM} = \frac{\Delta p V_M}{2\pi}\eta_{mM} \tag{2-6}$$

式中　Δp——液压马达进口处、出口处的压力差(Pa)。

3. 液压马达的总效率 η_M

液压马达输出功率(P_M)和输入功率(P_{iM})之比，即液压马达的总效率等于液压马达的机械效率和容积效率的乘积。

$$\eta_M = \frac{P_M}{P_{iM}} = \eta_{VM}\eta_{mM} \tag{2-7}$$

4. 典例分析

例题：某液压马达的排量 $V_M=50\text{cm}^3/\text{r}$，总效率 $\eta_M=0.75$，机械效率 $\eta_{Mm}=0.9$，液压马达进油压力 $p_1=10\text{MPa}$，回油压力 $p_2=0.2\text{MPa}$，求该液压马达输出的实际转矩是多少？

若液压马达的转速 $n_M=460\text{r/min}$，那么输入该液压马达的实际流量是多少？当外负载为250N·m，液压马达的转速仍为460r/min时，该液压马达的输入功率和输出功率各为多少？

任务三　双作用液压缸的压力传动比测试

一、实训目的

熟悉和了解液压缸的作用与性能。

二、实训内容和原理

液压缸和液压马达同属"执行元件",是将液压能转换成机械能的装置,液压缸的输出作用力与液压力呈直线位移关系。双作用液压缸有两种,一种是带有不同活塞面积的单活塞杆式双作用液压缸;另一种是带有相同活塞面积的双活塞杆式双作用液压缸。单活塞杆式双作用液压缸的有杆腔和无杆腔具有不同的容积。当流量不变时,液压缸的活塞杆在伸出和返回时的速度不同。本实验将采用单活塞杆式双作用液压缸进行压力传动比、速度比的测试。

理论压力传动比可以根据下面的公式,通过计算活塞面积和活塞杆面积之比得到。

$$i_1 = \frac{A_2}{A_1} = \frac{活塞杆的面积}{活塞面积} \tag{2-8}$$

相关尺寸:活塞直径为30mm;活塞杆直径为16mm。

实际压力传动比采用公式:

$$i_1' = \frac{p_{返回}}{p_{伸出}} \tag{2-9}$$

比较实际压力传动比与理论压力传动比的差值,并分析其原因。

根据下列公式计算出液压缸伸出和返回时的速度

$$v = \frac{s}{t} \tag{2-10}$$

式中　v——运动速度(m/s);

　　　s——行程长度(0.35m);

　　　t——运动时间(s)。

速度比值:

$$i_2 = \frac{t_{伸出}}{t_{返回}} = \frac{伸出时间}{返回时间} \tag{2-11}$$

三、液压系统原理图及所需元件

压力传动比液压回路原理图见图2-11。

所需元件:液压缸1个(已安装在面板上);压力表2个;二位四通换向阀1个;节流阀1个;压力软管若干(2根测压软管)。

四、液压回路连接

(1)关掉液压泵,使系统不带压力。

(2)将各个元件安装在试验台上。液压缸安装在试验台的侧面,需要用压力软管连接。

(3)用2个压力软管将二位四通电磁阀与液压缸相连。在压力软管上的测压点上连接2个压力表。

(4)回油路上连接1个节流阀。

五、实训步骤——压力传动比测试

(1)检查所连接的回路,检查接头是否正确连接。

(2)将节流阀全开。

(3)启动系统,将压力补偿泵的压力设置在3MPa。

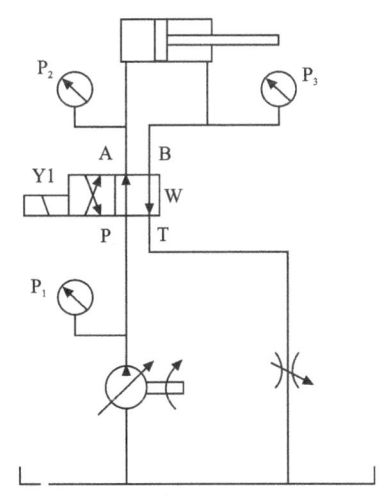

P_1、P_2、P_3. 不同测点的压力表;
Y1. 二位四通电磁阀的电磁铁。

图 2-11 压力传动比液压回路原理图

(4)调试节流阀开口,使活塞伸出时间在5s左右。然后,将油缸活塞收回,做好实验记录准备。

(5)使液压缸"伸出"(电磁铁失电),从压力表上读出压力值,测量活塞伸出时间。

(6)使液压缸"返回"(电磁铁得电),从压力表上读出压力值,测量活塞返回时间。

(7)关闭系统。

(8)拆下液压缸上的防护板,给液压缸上连接一个重物,然后重新安装好防护板。

(9)启动液压泵。

(10)重复步骤(2)~(7)使液压缸活塞往返,并记录下相应数据值。

(11)拆除添加到试验台上的元件,归置于原处。

六、实训的数据记录

不带负载的压力及活塞速度记录见表2-2。带负载的压力及活塞速度记录见表2-4。

表 2-3 不带负载的压力及活塞速度记录表

液压缸	换向阀阀芯位置	p_2/MPa	p_3/MPa	t/s	$V_{返回}$/(m·s^{-1})	$V_{伸出}$/(m·s^{-1})
活塞返回	a					
活塞在返回的终点位置	a					
活塞伸出	b					
活塞在伸出的终点位置	b					

表 2-4　带负载的压力及活塞速度记录表

液压缸	换向阀阀芯位置	p_2/MPa	p_3/MPa	t/s	$V_{返回}$/(m·s^{-1})	$V_{伸出}$/(m·s^{-1})
活塞返回	a					
活塞在返回的终点位置	a					
活塞伸出	b					
活塞在伸出的终点位置	b					

根据以上实验数据,计算出以下主要参数。

理论压力传动比＝_____。

实际压力传动比＝_____。

无负载的速度比＝_____。

思考题

(1) 对于单活塞杆式双作用液压缸,为何伸出和返回时所获得的力和速度不相同?

(2) 理论压力传动比与实际压力传动比为何有差距?

任务四 液压马达的控制

一、实训目的

了解液压马达的工作情况和控制方式。

二、液压原理图以及所需元器件

液压马达的控制原理图见图 2-12。

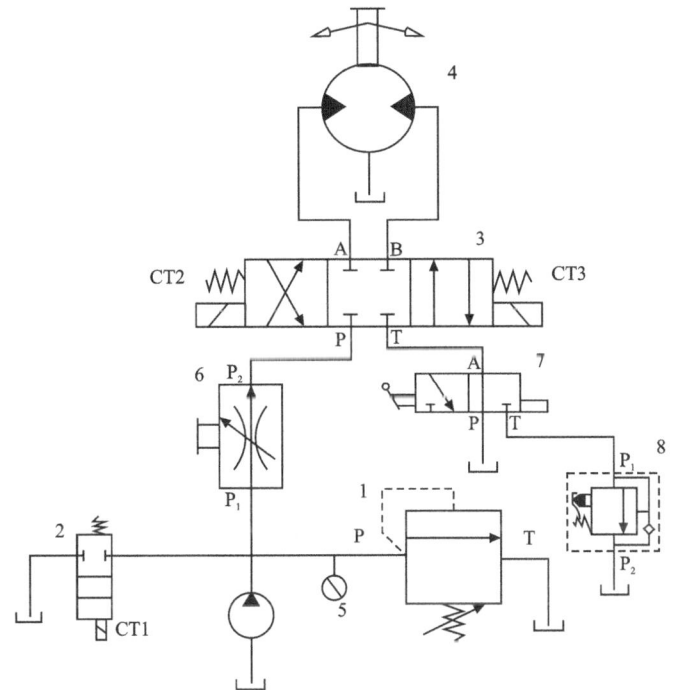

1.直动式溢流阀；2.二位二通换向阀或球阀；3.三位四通电磁阀或二位四通电磁阀；
4.液压马达；5.压力表；6.调速阀；7.二位三通换向阀；8.先导式单向顺序阀。

图 2-12 液压马达的控制原理图

三、实训步骤

(1) 按图 2-12 连接系统回路。
(2) CT1、CT2、CT3 分别连接到电磁阀控制面板，全部用按钮直接控制。
(3) 全开溢流阀，并使 CT1 工作。
(4) 启动电机，断开 CT1，并设定系统压力。
(5) 全开调速阀。

(6)通过 CT2、CT3 控制马达旋转、停止和液压马达反方向旋转。

(7)调整调速阀的开度,观察马达的旋转速度变化。

(8)操作二位三通换向阀,使液压马达刹车。

(9)液压马达的刹车力量由先导式顺序阀调整。了解不同的刹车力量对液压马达速度的影响。

四、实训注意事项

(1)注意连接马达的回油管。

(2)如果选用二位四通换向阀替代三位四通电磁阀,系统压力设定时要关闭调速阀,防止系统超压。

思考题

(1)如果只想控制马达的一个旋转方向的速度,调速阀(或者单向节流阀)应该安装在什么地方呢?如何连接?

(2)用溢流阀替代先导式顺序阀一样可以作为马达的刹车装置吗?

任务五 液压执行元件的运动方向控制

一、实训目的

(1) 了解控制油缸运动方向的方法。
(2) 了解方向控制阀的应用。
(3) 理解不同中位机能的二位四通换向阀与三位四通换向阀的区别。

二、实训原理图以及需要的液压元件

液压执行元件的方向控制原理图见图 2-13。

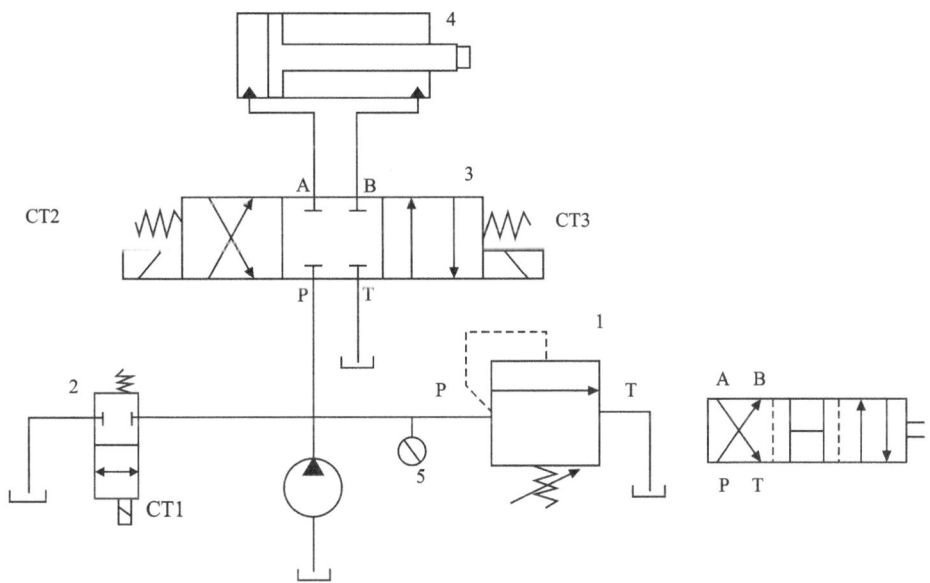

1.直动式溢流阀;2.二位二通电磁阀;3.三位四通电磁阀;4.液压油缸;5.压力表。

图 2-13 液压执行元件的方向控制原理图

三、实训操作步骤

(1) 按图 2-13 连接系统。
(2) 将 CT1 连接到电磁阀控制面板上。
(3) 将 CT2、CT3 连接到电磁阀控制面板上。
(4) 完全释放直动式溢流阀的手柄。
(5) 启动油泵,并设定系统压力不超过 3MPa。
(6) 使 CT2 得电,油缸收回,CT2 断电,油缸停止。

(7)使 CT3 得电,油缸伸出,CT3 断电,油缸停止。

(8)注意三位四通电磁阀和二位四通电磁阀的区别。因为三位四通电磁阀有中位关闭位置,所以可以将油缸停留在任何位置。而 H 型的二位四通电磁阀油缸要么完全伸出,要么完全收回。

四、实训中需要注意的事项

(1)使用三位四通电磁阀时,不能同时按下按钮 1 和按钮 2 使两边电磁线圈同时得电。

(2)更换液压元件时,请使 CT1 得电,让系统卸压。

思考题

(1)执行元件换向的方式很多,这里只用了两种四通电磁换向阀,请再举出 3 种以上可以用于实验回路中完成换向功能的换向阀。

(2)各种三位四通电磁阀的中位机能是什么?

任务六 液压缸差动连接回路控制

一、实训目的

(1) 掌握液压缸差动连接的工作原理以及动作顺序。
(2) 理解液压缸差动连接回路实现快速运动的原理。

二、液压缸差动连接回路的原理

液压缸的差动连接回路是有杆腔的回油,再次进入到无杆腔中,即在不增加泵的流量前提下,使得活塞杆运动速度增快的一种控制方式。液压缸差动连接回路原理图见图 2-14。

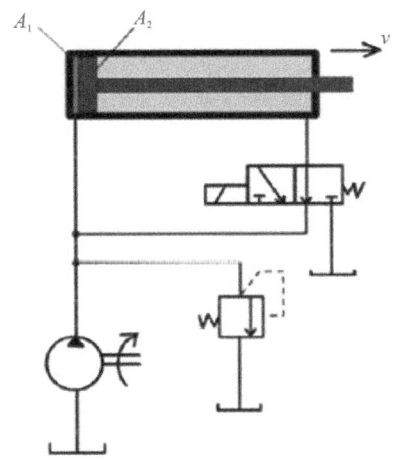

A_1.无杆腔活塞面积;A_2.有杆腔活塞面积;v.活塞杆运动速度。

图 2-14 液压缸差动连接回路原理图

在同一压力 p 作用下,利用无杆腔和有杆腔的面积差,产生压力差 F,从而驱动液压缸伸出。因为有杆腔的油液通过差动连接回路流回到了无杆腔,使其无杆腔的流量 q 增大,液压缸能以较快速度前进,实现小流量高速度的动作。

三、实训原理图

液压缸差动连接回路实训原理图见图 2-15。

动作过程如下:当电磁铁 1YA 得电,三位四通电磁换向阀 3 左位工作,在二位三通电磁换向阀 4 不得电的情况下,油液进入液压缸左腔,液压缸实现差动连接,活塞杆向右快进。

当二位三通电磁铁 3YA 得电时,差动回路被切断,液压缸的回油经过单向调速阀 5,液压缸实现"工进"状态。

当电磁铁 2YA 得电时,三位四通电磁换向阀 3 的右位进入工作状态,液压缸快退。

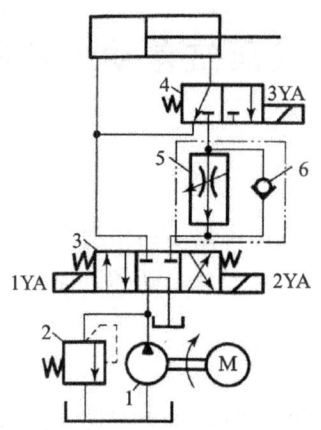

1.液压泵;2.溢流阀;3.三位四通电磁换向阀;4.二位三通电磁换向阀;5.单向调速阀;6.单向阀。

图 2-15 液压缸差动连接回路实训原理图

该回路简单、经济,但液压缸的增速也有限。当然液压缸的差动连接回路也有用 P 型中位机能的三位换向阀来实现的。

四、实训步骤及注意事项

1. 实训步骤

(1)熟悉差动连接回路的工作原理。

(2)根据液压缸差动连接回路实训原理图(图 2-15)准备所需连接回路的液压元件。如二位三通电磁换向阀、单向调速阀、三位四通电磁换向阀、溢流阀、液压泵、连接管接头及液压油管等。

(3)按照液压缸差动连接回路实训原理图连接差动回路。

(4)进行回路动作的调试。

2. 注意事项

(1)在实验回路连接好后,确保油路连接无误后再通电,启动油泵电机。

(2)定量叶片泵所用的溢流阀起阀作用,不要随意调节,一般调节的压力不要超过 6.3MPa。

(3)实验面板为 T 型槽结构,液压元件均配有可方便安装的过渡板,实验时只需将元件挂在 T 型槽中并锁紧即可。

(4)实验油路连接均采用开闭式快换接头,实验时应确保接头连接到位、可靠。

(5)实验台的电器控制部分分为继电器控制部分和 PLC 控制部分,可通过转换开关方便转换。

(6)因实验元器件结构和用材的特殊性,在实验的过程中务必注意轻拿轻放,防止碰撞,在回路实验过程中,确认实验元器件安装无误后才能进行加压实验。

(7)实验前必须熟悉实验元器件的工作原理和动作,掌握快速组合的方法,坚决禁止强行拆卸,不能强行旋扭各种元器件的手柄,以免造成人为的损坏。

(8)请不要带负载启动(将泵站下面的溢流阀螺帽旋松),以免损坏压力表。

(9)做实验时不应将压力调得太高(正常工作压力为 4~6.3MPa)。

(10)在实验过程中,发现回路中任何一处有问题,应立即关闭油泵,只有当回路卸压后才能重新进行实验。

(11)实验完毕后,要清理好实验元器件,注意实验元器件的保养与实验台的整洁。

(12)计算油泵电机的效率时,一般取额定效率的 80% 左右。

(13)因油路连接采用的是开闭式快换接头,实验时管路会有一定的压降,流量小于 7L/min 时,每个开闭式接头的压降可忽略不计;流量大于 7L/min 时每个开闭式接头的压降为 0.1~0.4MPa。

五、实验总结

该实验是速度控制回路中的一种,利用其回路的工作特点,在不增加液压泵能耗的情况下,使执行元件获得尽可能大的工作速度,以提高生产率或充分利用功率。学生通过连接此回路,加深了对液压缸差动连接回路工作原理的理解,同时也增强了自身的实际动手能力。

项目三　液压控制元件的性能

一、项目目标

项目目标可细分为知识目标、能力目标、素养目标和课程思政(表 3-1)。

表 3-1　项目目标细分表

知识目标	①理解各类液压控制元件的分类依据和基本性能要求； ②理解方向控制阀的中位机能和方向控制回路的原理； ③了解压力控制阀的应用和调压回路、多级调压回路、远程调压回路的不同形式； ④了解流量控制阀的应用和节流调速回路的不同形式； ⑤掌握压力继电器的原理和应用场合
能力目标	①掌握各种简单控制回路的组成以及控制原理； ②能分析一些复杂的或者复合的控制回路,初步掌握多控制元件参与控制的液压系统原理
素养目标	①培养学生的动手操作能力,以及严谨的工作态度； ②让学生对液压控制元件的基本原理、特点及在液压回路中的具体应用有清楚地了解； ③先分析液压控制元件的工作原理再分析液压控制元件的所在回路,由小到大,由简单回路到复杂回路,让学生更系统更有逻辑性地接受液压知识
课程思政	目前中国的液压控制技术已经位于世界前列,讲授液压控制技术可提升学生的信念观,中国已经由制造大国迈向制造强国。树立学生的高质量发展意识,切入"大国工匠精神",引导学生学习各种液压控制元件的组合应用,对今后从事技术工作大有裨益

二、项目导读

液压控制元件主要是指各种液压阀,用来控制油液的压力、流量和流动方向,从而控制液压执行元件的启动、停止、运动方向、速度、作用力等,以满足液压设备对各工况的要求。

三、液压阀的分类

(1)按用途分类。液压阀根据工作原理和用途可分为方向控制阀、压力控制阀、流量控制阀。

(2)按控制方式分类。液压阀按控制方式可分为普通阀(开关定值式控制阀)、电液比例控制阀、电液伺服阀和数字阀。

(3)按连接方式分类。液压阀按连接方式可分为管式连接阀、板式连接阀、法兰式连接阀、叠加式连接阀和插装式连接阀。

四、液压传动系统对液压阀的要求

液压传动系统对液压阀的基本要求如下：
(1)动作灵敏,工作可靠,工作时冲击和振动小;
(2)油液通过时压力损失小;
(3)密封性能好,内泄漏少,无外泄漏;
(4)结构紧凑,安装、调试、维护方便,通用性好。

五、液压阀的组成

(1)在结构上,所有的阀都由阀体、阀芯(座阀或滑阀)和控制装置,即驱使阀芯动作的零、部件(如弹簧、电磁铁)组成。

(2)在工作原理上,所有阀的开口大小,进、出口之间的压差以及流过阀的流量之间的关系都符合孔口流量公式,但各种阀的控制参数各不相同。

第一节　方向控制阀及方向控制回路

一、项目知识点

(1)方向控制阀的结构以及性能特点、工作原理。
(2)方向控制回路的组成元件、工作原理。

二、项目的重点与难点

(1)控制回路的原理图。
(2)手动阀和电磁阀的工作原理。
(3)中位机能的分析以及应用场合的选择。

三、方向控制阀

特点:控制与改变液流方向。

基本原理:利用阀芯与阀体间相对位置的改变,实现油路间的通断,以满足系统对液流方向的要求。

1. 单向阀

(1)普通单向阀的作用是只允许液流单方向流动,不允许反向倒流,特点是正方向液流通过时压力损失小,反向截止时密封性能好。单向阀示意图见图 3-1。

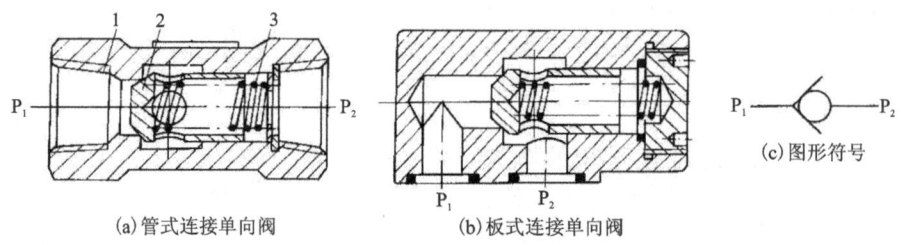

(a)管式连接单向阀　　(b)板式连接单向阀　　(c)图形符号

1.阀体;2.阀芯;3.弹簧;P_1.进油口;P_2.出油口。

图 3-1　单向阀(压力油从 P_1 口流入,油液从 P_2 流出)

(2)液控单向阀是在普通单向阀的基础上多了一个控制油口,当控制油口空接时,该阀相当于一个普通单向阀;若控制油口 C 接压力油,则油液可双向流动(图 3-2)。

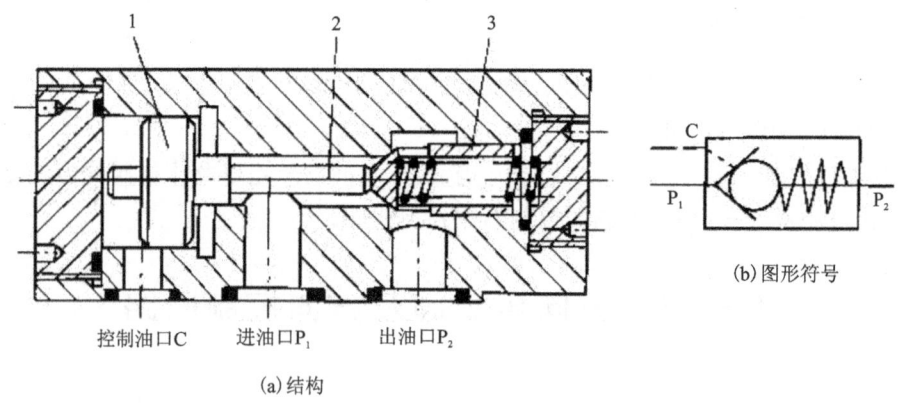

(a)结构　　(b)图形符号

1.控制活塞;2.活塞杆;3.阀芯;P_1.进油口;P_2.出油口;C.控制口。

图 3-2　液控单向阀

液控单向阀控制油口 C 未通控制压力油时,具有良好的反向密封性能,常用于保压、锁紧和平衡回路中。

2. 换向阀

(1)换向阀的原理是利用阀芯和阀体的相对运动来接通、关闭油路或变换油液通向执行元件的流动方向,以使执行元件启动、停止或变换运动方向。换向阀示意图见图 3-3。

对换向阀的主要性能要求有以下 3 点:

①油液流经换向阀时的压力损失小;

②各关闭阀口的泄漏量小;

③换向可靠,换向时平稳、迅速。

项目三 液压控制元件的性能

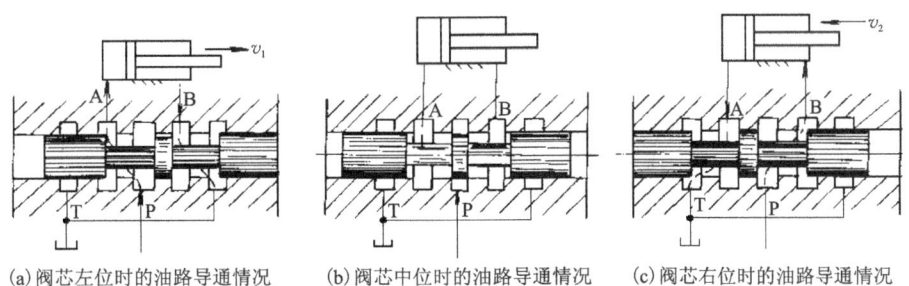

(a)阀芯左位时的油路导通情况　　(b)阀芯中位时的油路导通情况　　(c)阀芯右位时的油路导通情况

v_1.液压缸活塞向右运动时速度；v_2.液压缸活塞向左运动时速度。

图 3-3　换向阀示意图

(2)换向阀类型符号见图3-4。

名称	结构示意图	图形符号
二位二通阀	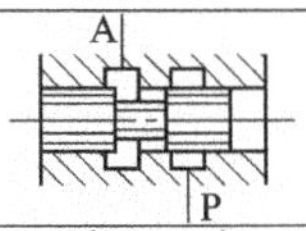	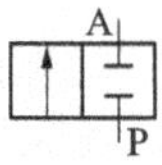
二位三通阀	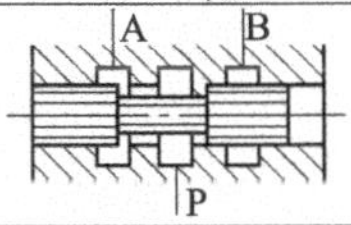	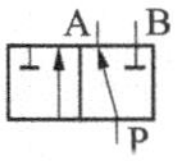
二位四通阀	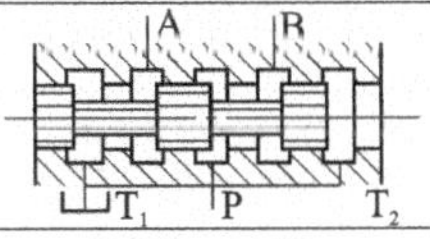	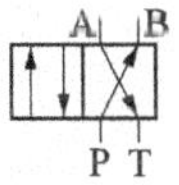
二位五通阀	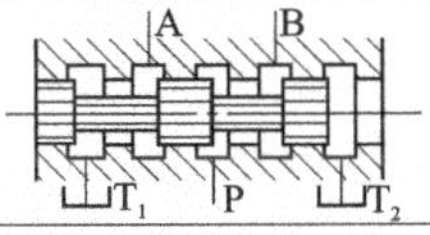	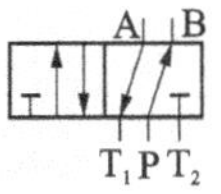
三位四通阀	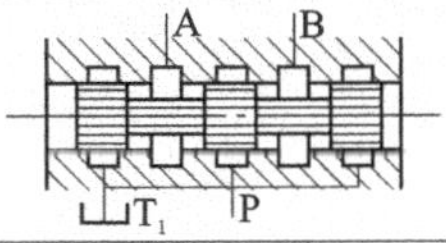	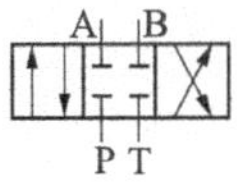
三位五通阀	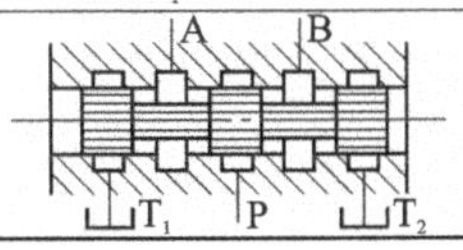	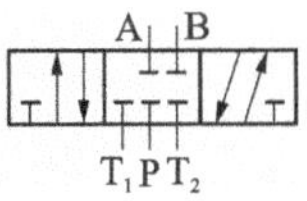

图 3-4　常用换向阀的符号

3. 中位机能

当液压缸或液压马达需在任何位置均可停止时，要使用三位阀（即除前进端与后退端外，还有第三个位置）。此阀双边皆装弹簧，如无外来的推力，阀芯将停在中间位置，称此位置为中间位置，简称中位。换向阀中间位置各接口的连通方式称为中位机能，不同形式三位换向阀中位机能示意图见图3-5。

在分析和选择三位换向阀的中位机能时，通常考虑以下4点：①系统保压；②系统卸荷；③液压缸快进；④液压缸"浮动"或任意位置上的停止。

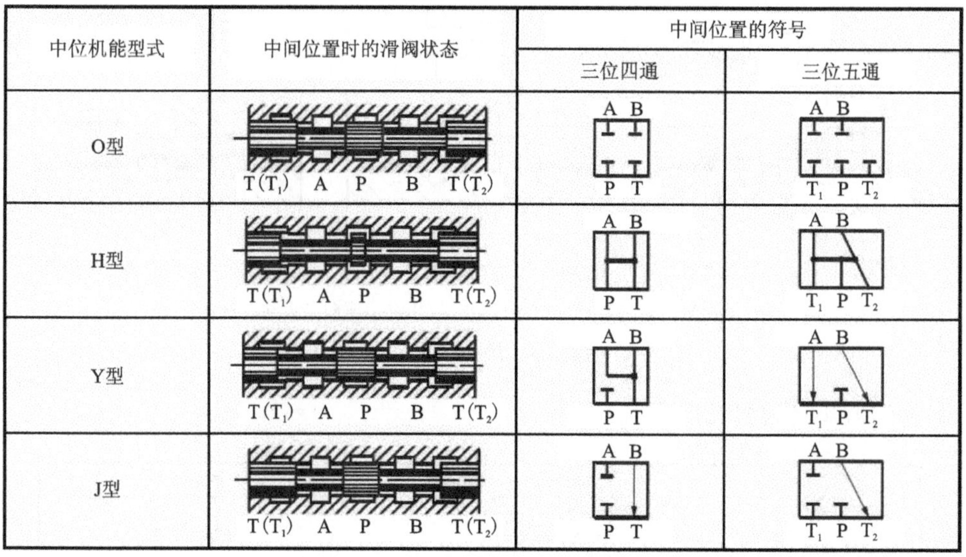

中位机能型式	中间位置时的滑阀状态	中间位置的符号	
		三位四通	三位五通
O型	T(T₁) A P B T(T₂)	A B / P T	A B / T₁ P T₂
H型	T(T₁) A P B T(T₂)	A B / P T	A B / T₁ P T₂
Y型	T(T₁) A P B T(T₂)	A B / P T	A B / T₁ P T₂
J型	T(T₁) A P B T(T₂)	A B / P T	A B / T₁ P T₂

图 3-5 三位换向阀中位机能示意图

表 3-2 为不同的"通"和"位"的滑阀式换向阀主体部分的结构形式和图形符号表。

表 3-2 不同的"通"和"位"的滑阀式换向阀主体部分的结构形式和图形符号

名称	结构原理图	图形符号
二位二通	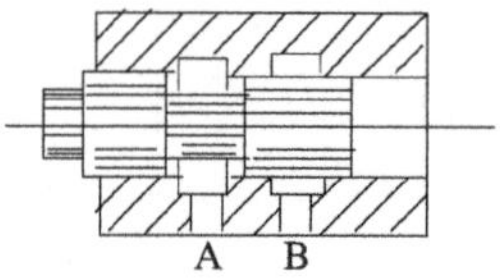 A B	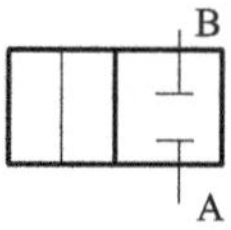 B / A
二位三通	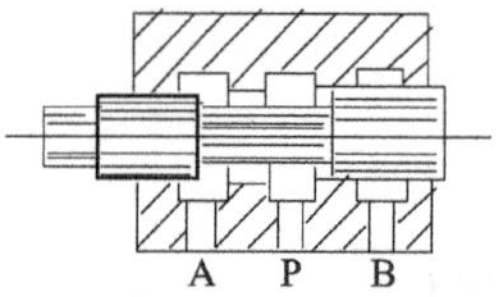 A P B	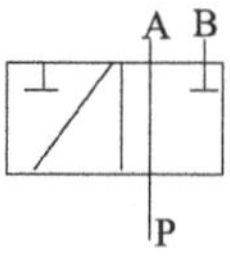 A B / P
二位四通	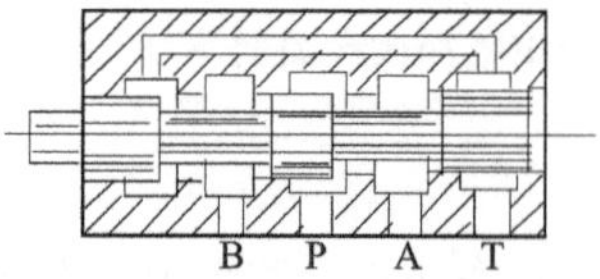 B P A T	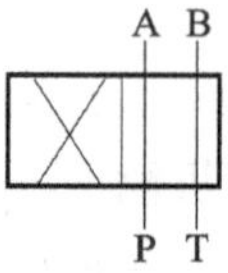 A B / P T
三位四通	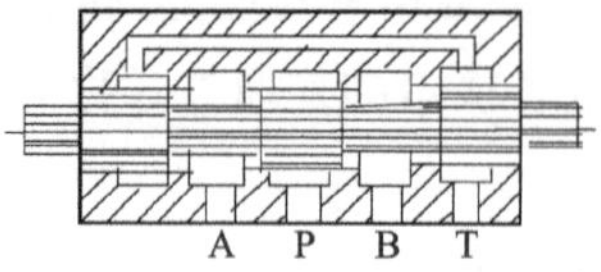 A P B T	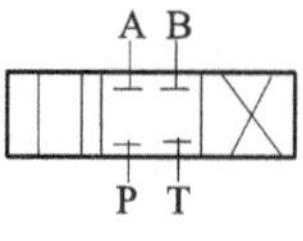 A B / P T

· 44 ·

表 3-2 中图形符号的含义如下：

①用方框表示阀的工作位置，有几个方框就表示有几"位"；
②方框内的箭头表示油路处于接通状态，但箭头方向不一定表示液流的实际方向；
③方框内符号"⊥"或"⊤"表示该通路不通；
④方框外部连接的接口数有几个，就表示几"通"；
⑤一般而言，阀与系统供油路连接的进油口用字母 P 表示；阀与系统回油路连通的回油口用 T（有时用 O）表示；阀与执行元件连接的油口用 A、B 等表示。有时在图形符号上用 L 表示泄漏油口；
⑥换向阀都有两个或两个以上的工作位置，其中一个为常态位，即阀芯未受到操纵力时所处的位置。图形符号中的中位是三位阀的常态位。利用弹簧复位的二位阀则以靠近弹簧的方框内的通路状态为其常态位。绘制系统图时，油路一般应连接在换向阀的常态位上。

三位四通阀常用的滑阀机能见表 3-3。

表 3-3 三位四通阀常用的滑阀机能

型式	符号	中位油口状况、特点及应用
O 型		P、A、B、T 四口全封闭，液压缸闭锁，可用于多个换向阀并联工作
H 型		P、A、B、T 口全通；活塞浮动，在外力作用下可移动，泵卸荷
Y 型		P 口封闭，A、B、T 口相通；活塞浮动，在外力作用下可移动，泵不卸荷
K 型		P、A、T 口相通，B 口封闭；活塞处于闭锁状态，泵卸荷
M 型		P、T 口相通，A 口与 B 口均封闭；活塞闭锁不动，泵卸荷，也可用多个 M 型换向阀并联工作

续表3-3

型式	符号	中位油口状况、特点及应用
X型	(A B / P T 图示)	四油口处于半开启状态,泵基本上卸荷,但仍保持一定压力
P型	(A B / P T 图示)	P、A、B口相通,T口封闭;泵与缸两腔相通,可组成差动回路
J型	(A B / P T 图示)	P口与A口封闭,B口与T口相通;活塞停止,但在外力作用下可向一边移动,泵不卸荷
C型	(A B / P T 图示)	P口与A口相通;B口与T口封闭;活塞处于停止位置
U型	(A B / P T 图示)	P口和T口封闭,A口与B口相通;活塞浮动,在外力作用下可移动,泵不卸荷

4. 工程应用中几种常见的换向阀(注:以下各阀的工作原理请同学们自己参照有关资料自学)

(1)手动换向阀。手动换向阀是利用杠杆来改变阀芯位置实现换向的。三位四通手动换向阀示意图见图3-6。

(2)机动换向阀。机动换向阀是由行程挡块或凸轮推动阀芯实现换向的。机动换向阀示意图见图3-7。

机动换向阀的工作原理是在常态位时,P口与A口不通;当固定在运动部件上的挡块压下滚轮时,阀芯右移,P口与A口相通。具有动作可靠,换向位置精度高的特点。改变挡块的迎角或凸轮的外形,可使阀芯获得合适的换向速度,减小换向冲击。常应用于液压系统的速度换接回路中。

(3)电磁换向阀。电磁换向阀是利用电磁铁的推力使阀芯移动实现换向的。具有动作迅速,操作方便,便于实现自动控制的优点。

项目三 液压控制元件的性能

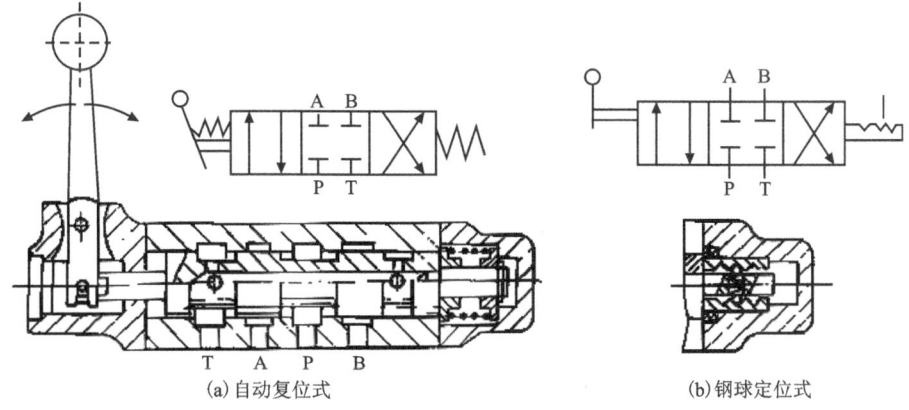

(a)自动复位式 (b)钢球定位式

图 3-6 三位四通手动换向阀示意图

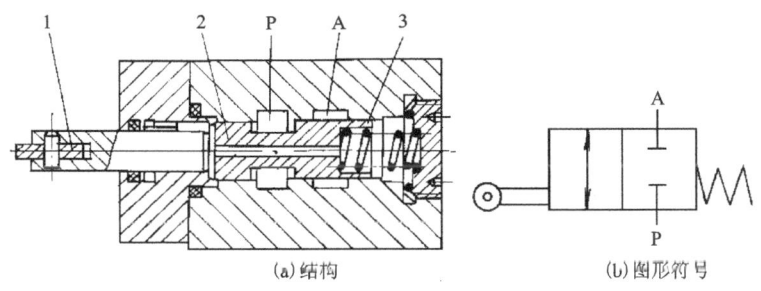

(a)结构 (b)图形符号

1.滚轮；2.阀芯；3.弹簧；P.进油口；A.出油口。

图 3-7 机动换向阀示意图

(4)液动换向阀。液动换向阀是利用系统中控制油路的压力油来改变阀芯位置的换向阀。具有结构简单，动作可靠，换向平稳，液压驱动力大的优点，常应用于流量大的系统中。液动换向阀示意图见图 3-8。

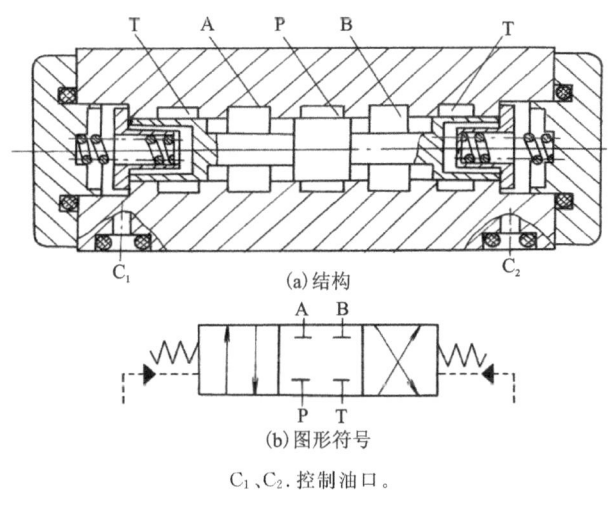

(a)结构

(b)图形符号

C_1、C_2.控制油口。

图 3-8 液动换向阀示意图

(5)电液换向阀。电液换向阀是由电磁换向阀和液动换向阀组合而成的。电磁换向阀起先导作用,用来改变液动换向阀的控制油路的方向,称为先导阀;液动换向阀实现主油路的换向,称为主阀。电液换向阀示意图见图3-9。

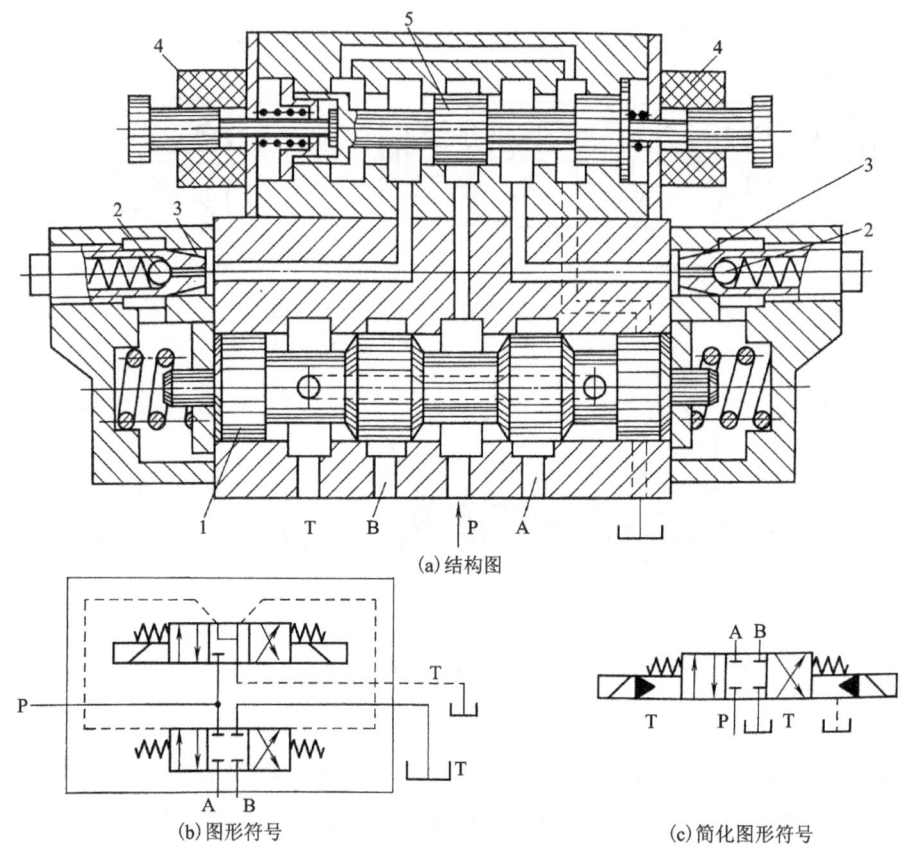

1.主阀芯;2.单向阀;3.节流阀;4.电磁铁;5.先导电磁阀阀芯。

图3-9 电液换向阀示意图

四、方向控制回路

方向控制回路是利用方向控制阀控制液压系统中执行元件的起动、停止和换向作用的回路。以下是常见的两种典型回路。

1. 换向回路

需要注意换向回路中换向阀的选择:

(1)位数和通路数的选择。

(2)换向阀操纵方式的选择。换向回路示意图见图3-10。

2. 锁紧回路

锁紧回路的功能:通过切断执行元件的进油、回油通道来使它停留在任意位置,并防止执行元件停止运动后因外力作用而发生移动。锁紧回路示意图见图3-11。

项目三 液压控制元件的性能

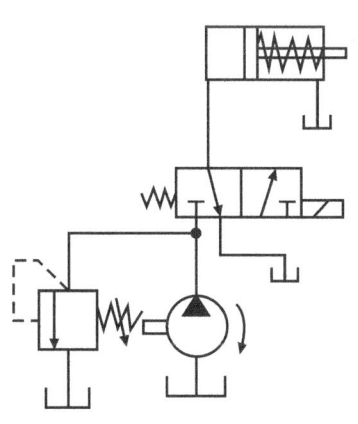

图 3-10 换向回路示意图

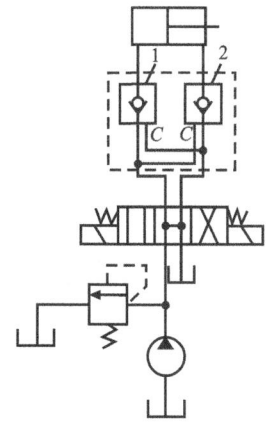

1、2.单向阀；C.控制油口。

图 3-11 锁紧回路示意图

第二节 压力控制阀及压力控制回路

一、项目知识点

(1)压力控制阀的结构及性能特点、工作原理。
(2)压力控制回路的组成元件、工作原理。

二、项目的重点与难点

(1)控制回路的原理图。
(2)多级调压回路。
(3)溢流阀、减压阀、顺序阀的比较以及各自在控制回路中的作用。

三、压力控制阀

压力控制阀的特点是利用作用于阀芯上的液体作用力和弹簧力相平衡的原理进行工作。常用的压力控制阀有溢流阀、减压阀、顺序阀和压力继电器等。

压力控制回路主要是利用压力控制元件来控制系统或系统某一支路的压力，实现调压、稳压、减压、卸荷等目的，以满足执行元件对力或力矩的要求。

下面主要介绍几种常见的压力控制阀及压力控制回路。

1. 溢流阀

溢流阀按其工作原理分为直动型溢流阀和先导型溢流阀两种。直动型溢流阀一般用于低压环境，先导型溢流阀一般用于中、高压环境。

1）直动型溢流阀

图 3-12 为滑阀型直动型溢流阀的结构图和图形符号。图中 P 为进油口，T 为回油口，被控压力油由 P 口进入溢流阀，经阀芯 4 的径向阻尼孔 f、轴向阻尼孔 e 进入阀芯的下腔，作用于阀芯上。

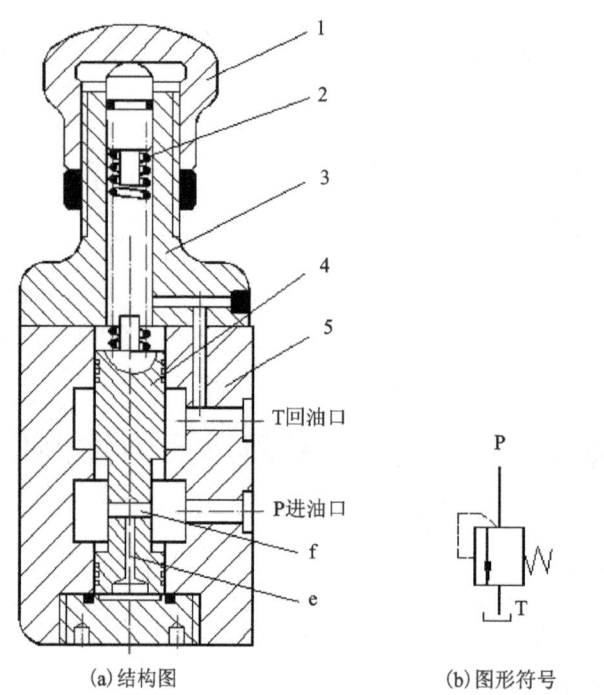

(a) 结构图　　　　　　(b) 图形符号

1.旋钮螺母；2.弹簧；3.上壳体；4.阀芯；5.阀座；e.轴向阻尼孔；f.径向阻尼孔。

图 3-12　滑阀型直动型溢流阀的结构图和图形符号

当进油口压力较低时，向上的液压力不足以克服弹簧力，阀芯处于最下端位置，进、出油口不通，阀处于关闭状态，溢流阀没有溢流；当进口压力升高，向上的液压力达到弹簧力时，阀芯即将开启，这一状态的压力称为开启压力。当进口压力继续升高时，阀芯向上移动，阀口打开，油液由进油口 P 经回油口 T 排回油箱，溢流阀溢流。阀芯处于某一新的平衡位置，若忽略阀芯的重力、摩擦力和液动力，则阀芯的受力平衡方程为

$$p \cdot A_R = F_S \tag{3-1}$$

即

$$p = \frac{F_S}{A_r} = \frac{K(x_0 + \Delta x)}{A_r} \tag{3-2}$$

式中　p——进油腔压力（Pa）；

A_r——阀芯下腔的承压面积（m^2）；

x_0——调压弹簧的预压缩量（m）；

K——弹簧刚度（N/m）；

ΔX——弹簧的附加压缩量(阀口开度,单位为 m);

F_s——弹簧力(N)。

由此可见:当通过溢流阀的流量改变时,阀口开度也改变,但因阀芯的移动量很小,所以作用在阀芯上的弹簧力变化也很小,因此可认为油液溢流时,溢流阀进口处的压力基本保持定值。液压泵的供油压力得到调整并保持基本恒定。调节调压弹簧的预压缩量,可调节阀口的开启压力,从而调节控制阀的进口压力(即调定压力)。

直动型溢流阀是利用阀芯上端的弹簧力直接与下端面的液压力相平衡来进行压力控制的。因此,弹簧较硬,特别是流量较大时,阀的开口大,进口压力随流量的变化较大。故这种阀只适用于系统压力较低、流量不大的场合,一般用于压力小于 2.5MPa 的场合。

2)先导型溢流阀

先导型溢流阀由主阀和先导阀两部分组成(图 3-13)。先导型溢流阀多为锥阀式结构。先导型溢流阀内的弹簧用来调定主阀的溢流压力。主阀控制溢流量。主阀的弹簧不起调压作用,仅是为了克服摩擦力使主阀芯及时复位。

先导型溢流阀结构形式较多,但工作原理是相同的。按阀芯配合形式可分为一级同心结构溢流阀(Y 型)结构、二级同心结构溢流阀(Y_2 型或 DB 型)、三级同心结构溢流阀。

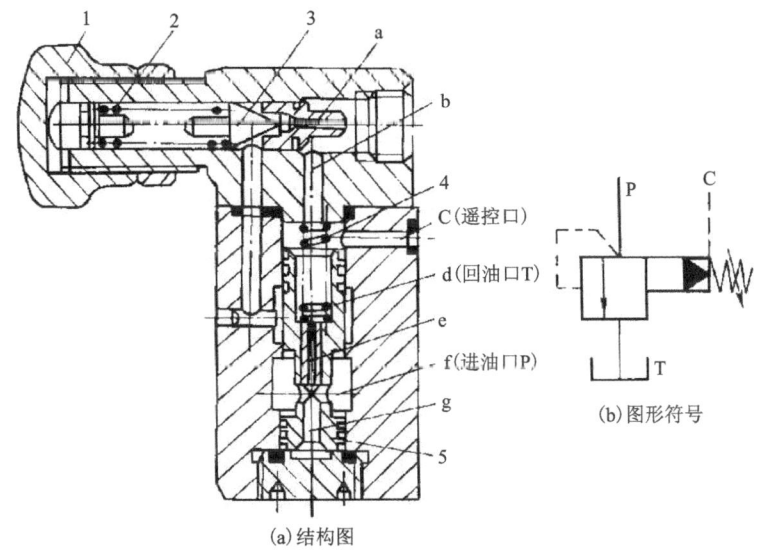

1.调节螺母;2.调节弹簧;3.先导阀阀芯;4.主阀弹簧;5.主阀阀芯;a、b、g.控制油通道;e.阻尼孔。

图 3-13 先导式溢流阀的结构图和图形符号

图 3-13 为 Y_2 型结构,下部是主阀,上部是先导阀。当先导型溢流阀的进口接压力油时,压力油除直接作用在主阀阀芯 5 的下端外,还经过主阀阀芯内的阻尼孔引到先导阀阀芯的上端,对先导阀阀芯形成一个液压力,若液压力小于先导阀阀芯另一端的弹簧力时,则先导阀关闭,主阀阀芯上、下两腔压力相等。主阀阀芯在主阀弹簧的作用下处于最下端位置,主阀阀口关闭。随着进口压力增大,作用在先导阀阀芯上的液压力随之增大,当该液压力大于

弹簧力时,先导阀阀口开启,一小部分油液经主阀阀芯内的阻尼孔、先导阀流回油箱。这时由于阻尼孔的作用,使主阀阀芯上部的油液压力小于下部的油液压力,当作用在主阀阀芯上向上的液压力能够克服主阀弹簧时,阀芯上移,主阀阀口开启,溢流阀进口压力油经过主阀阀口溢流回油箱。调节手轮可调节调压弹簧的压紧力,从而调定液压系统的压力。

当溢流阀起溢流定压作用时,根据阀芯的受力(不计摩擦阻力)则有

$$p_1 \cdot A_R = p_2 \cdot A_R + F_S \tag{3-3}$$

即

$$p_1 = p_2 + \frac{F_S}{A_R} = p_2 + \frac{K(x_0 + \Delta x)}{A_R} \tag{3-4}$$

式中　p_1——进油腔压力(Pa);

　　　p_2——主阀阀芯上腔的压力(Pa);

　　　A_R——主阀阀芯有效作用面积(m^2);

　　　F_S——主阀弹簧4的作用力(N);

　　　K——主阀弹簧的刚度(N/m);

　　　x_0——弹簧的预压缩量(m);

　　　Δx——弹簧的附加压缩量(m)。

由此可见,因为上腔存在压力,所以主阀弹簧4的刚度可以较小,F_S的变化也较小,p_1基本上是定值。先导型溢流阀在溢流量变化较大时,阀口可以上下波动,但进口处的压力p_1变化则较小,这就克服了直动型溢流阀的缺点。同时,先导阀的阀孔一般较小,调压弹簧的刚度也不大,因此调压比较轻便。

若遥控口C接上调压阀,即可实现远程调压;当C口与油箱接通时,可使系统卸荷。

2. 减压阀

减压阀按工作原理可分为定压减压阀、定比减压阀和定差减压阀。其中,定压减压阀应用较广,它可以保持出口压力为定值。按减压阀结构和工作原理分为直动型减压阀和先导型减压阀两种。

如图3-14(a)所示,在安装位置上,阀芯在弹簧力的作用下处于最下端,阀口开度最大,进出口沟通,不起减压作用。与溢流阀不同的是,减压阀检测和控制的是阀的出口压力,当出口压力达到压力调定值时,阀芯上移,阀口关小,产生压降,阀处于工作状态。

比较减压阀和溢流阀可知,两者的结构相似,调节原理也相似,其主要差别是:①溢流阀控制进口压力恒定,减压阀控制出口压力恒定;②常态时溢流阀阀口常闭,减压阀阀口常开;③溢流阀的出口直接接回油箱,泄漏油直接引出出口(内泄)。减压阀出口通执行元件,因此泄漏油需单独引回油箱(外泄)。

先导式减压阀的结构与工作原理:先导式减压阀的结构如图3-14(b)所示,主要由阀体、主阀弹簧、主阀阀芯、主阀座、活塞、先导弹簧、先导阀芯、先导阀座、先导活塞和调整弹簧等组成。拧动调节螺钉,压缩调整弹簧,顶开先导阀芯,介质从进口侧进入活塞上方,由于活塞面

积大于主阀阀芯面积,推动活塞向下移动,使主阀打开,由阀后压力平衡调节弹簧的压力改变先导阀芯的开度,从而改变活塞上方的压力,控制主阀芯的开度使阀后压力保持恒定。

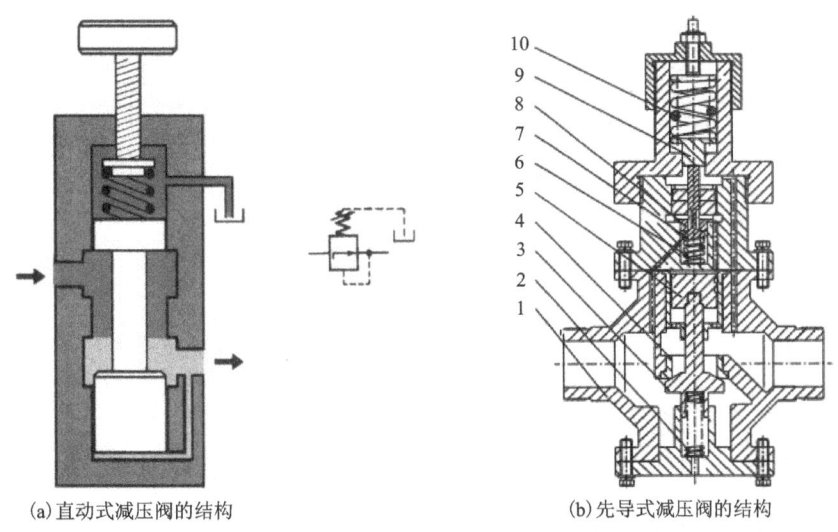

(a)直动式减压阀的结构　　　　　(b)先导式减压阀的结构

1.阀体;2.主阀弹簧;3.主阀芯;4.主阀座;5.活塞;6.先导弹簧;7.先导阀芯;8.先导阀座;9.先导活塞;10.调整弹簧

图 3-14　减压阀的结构

减压阀按结构形式可分为膜片式、弹簧薄膜式、活塞式、杠杆式和波纹管式;按阀座数目可分为单座式和双座式;按阀瓣的位置不同可分为正作用式和反作用式。

减压阀的种类很多,常见的有:先导活塞式减压阀、薄膜式减压阀、波纹管式减压阀、比例式减压阀、自力式减压阀、直接作用自力式减压阀、背压调节阀等。它们分别适用于不同的工作介质。不同的形式有不同的具体工作原理。但基本原理还是:减压阀是通过启闭件的节流,将进口压力减至某一需要的出口压力,并使出口压力保持稳定。一般减压阀都要求进出口压差必须大于0.2MPa。

定差减压阀的工作原理是通过控制阀门内流体压力的大小来实现在液体进入阀门之前确定一个恒定的压力差。具体而言,当高压液体进入阀门时,阀门内的运动组件(如活塞)会受到液压力的作用,使得阀门开启一定的程度,从而让高压液体逐渐通过阀门到达低压侧。当低压侧的压力达到设定值时,阀门内的机械构件就会相应地调整阀门口径,以保持恒定的压差。这样,就能在稳定的流量和压差条件下,将高压液体转变为低压流体。

定差减压阀通常是滑阀式的,一般与一节流孔(可变或固定)串联,滑阀两端感受节流孔两端压差。若忽略液动力等影响,此压差与预调弹簧力相平衡,通过定差减压阀可变节流阀口的补偿调节作用,使节流孔两端压差及通过流量基本保持恒定。

定差减压阀的主要用途是与节流阀串联组成调速阀(图 3-15)。调速阀中定差减压阀可置于节流阀前也可置于节流阀后。在节流调速系统中,当负载力或油源压力变化时,由于定差减压阀的补偿作用,使节流阀两端压差和流量基本保持不变,从而得到很高的调速刚性。

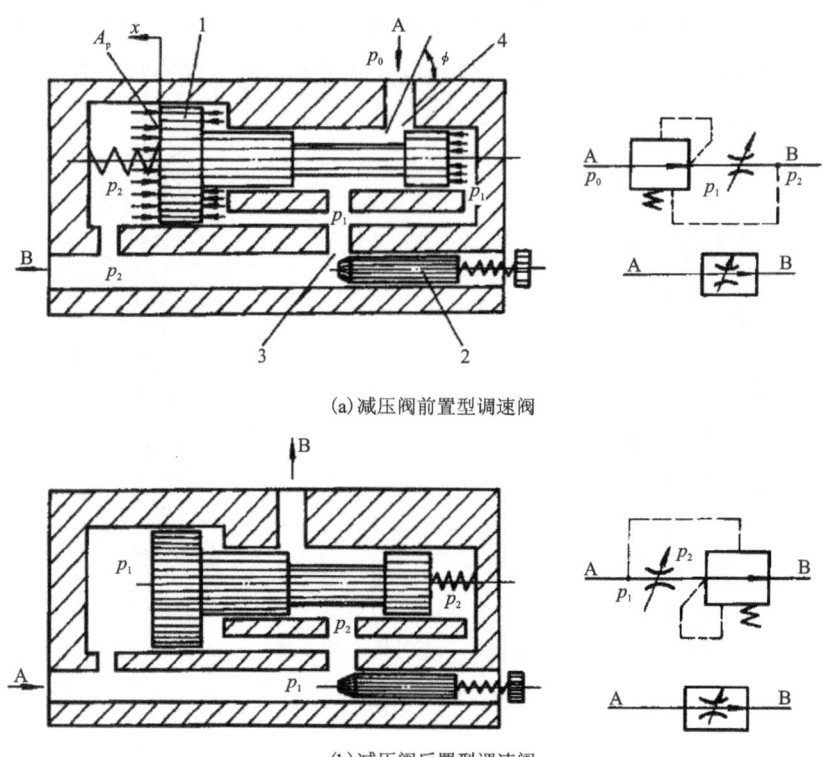

1.减压阀芯;2.节流阀芯;3.节流阀口;4.减压阀口;p_0、p_1、p_2.不同油路口的压力;A_P.减压阀芯面积;x、ϕ.结构尺寸。

图 3-15　调速阀的结构及职能符号

定比减压阀的作用是使进、出油口压力的比值保持恒定,如图 3-16 所示为螺纹连接定比减压阀(还有法兰连接式的)。该阀是活塞型阀瓣结构,其减压比由活塞型阀瓣前后作用面积与阀瓣密封面积之间的差值之间的比例决定,活塞型阀瓣依靠其前后两个 O 型圈密封,通过之间的呼吸孔,分别感应进口压力和出口压力与大气压之间的压力差,两个压力差之间的比例为减压比,使进口压力与出口压力形成相对固定的比例关系,一个活塞型阀瓣只能确定一种减压比。

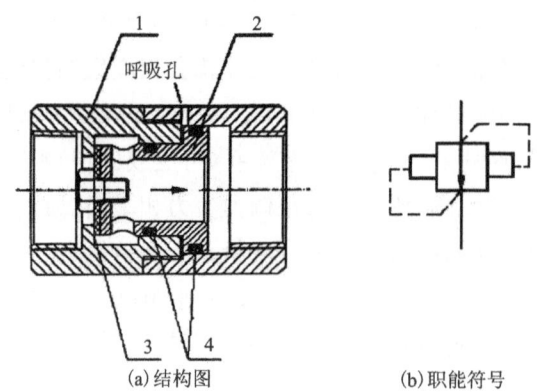

1.阀体;2.活塞型阀瓣;3.橡胶密封圈;4.O 型密封圈。

图 3-16　螺纹连接定比减压阀的结构图与职能符号

3. 顺序阀

1)顺序阀的结构与工作原理

顺序阀是用来控制液压系统中各元件先后动作顺序的液压元件。根据控制方式的不同,顺序阀可分为内控式和外控式两大类,前者用阀的进口压力控制阀芯的启闭,称为内控顺序阀,简称顺序阀;后者用外来的控制压力油控制阀芯的启闭,称为液控顺序阀。顺序阀也有直动型和先导型两种。图 3-17 为直动型顺序阀,其结构和 P 型溢流阀相似。压力油液自进油口 P_1 进入阀体,经阀芯中间小孔流入阀芯底部油腔,对阀芯产生一个向上的液压作用力。当油液的压力较低时,液压作用力小于阀芯上部的弹簧力,在弹簧力作用下,阀芯处于下端位置,P_1 和 P_2 两油口被隔开。当油液的压力升高到作用于阀芯底端的液压作用力大于调定的弹簧力时,在液压作用力的作用下,阀芯上移,使进油口 P_1 和出油口 P_2 相通,压力油液自 P_2 口流出,可控制另一执行元件动作。

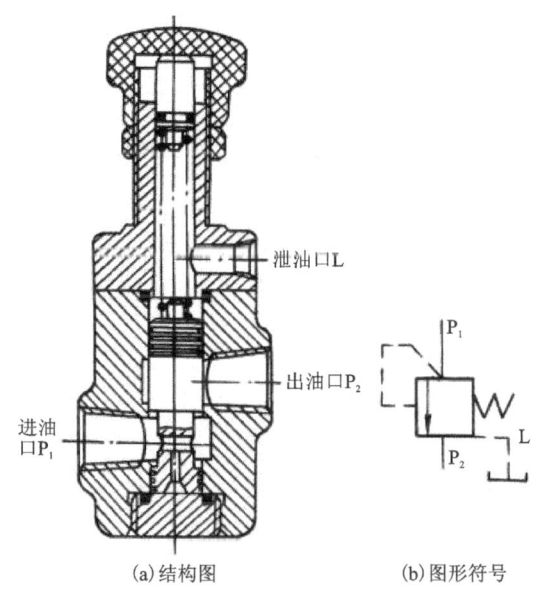

(a)结构图　　(b)图形符号

图 3-17　直动型顺序阀的结构图与图形符号

特别需要指出两者所不同的是:溢流阀出油口直接与油箱相通,而顺序阀的出油口接下一级液压元件,即顺序阀的进、出油口都通压力油,所以它的泄油口 L 要单独引回油箱。当顺序阀的进油压力低于调定压力时,阀口完全关闭。当进油压力达到调定压力时,阀口打开,顺序阀输出压力油使下游的执行元件动作。调整弹簧的预压缩量即能调节调定压力。图 3-18 为 DZ 型(先导型)顺序阀,其结构和先导型溢流阀相似。

2)顺序阀的主要作用

顺序阀的主要作用有:①控制多个元件的顺序动作;②用于保压回路;③防止因自重引起油缸活塞自由下落而作平衡阀用;④用外控顺序阀作卸荷阀,使泵卸荷;⑤用内控顺序阀作背压阀。

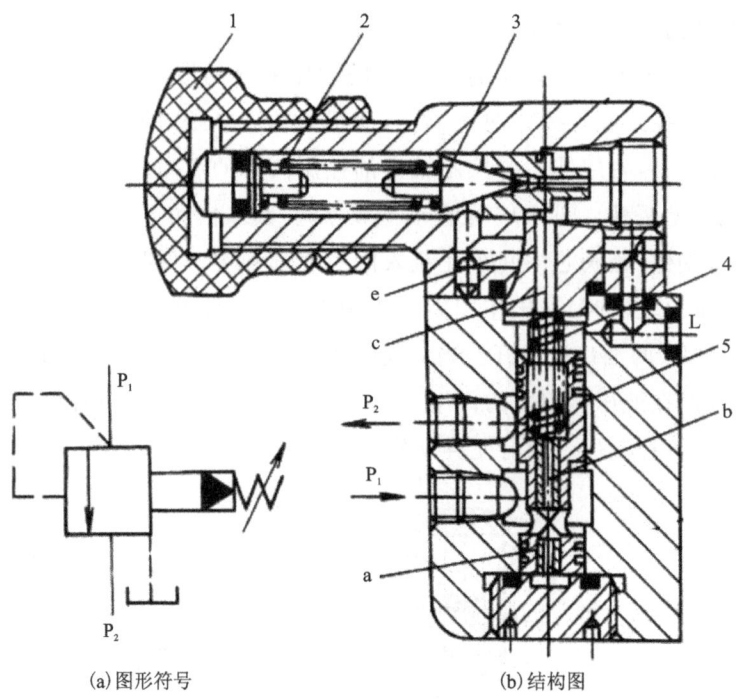

1.调节螺母;2.调压弹簧;3.锥阀;4.主阀弹簧;5.主阀芯;a、c、e.油路通道;b.阻尼孔

图 3-18 DZ 型(先导型)顺序阀的结构图与图形符号

3)顺序阀的应用——平衡回路

为了防止立式液压缸及工作部件因自重而自行下落,可在活塞下行的回油路上设置产生一定背压的液压元件,阻止活塞下落,这种回路称为平衡回路。

(1)采用单向顺序阀的平衡回路。

如图 3-19 所示,调整顺序阀的开启压力,使其稍大于由垂直运动部件自重而在液压缸下腔形成的压力,即可防止活塞因自重而下滑。这种平衡回路在活塞下行时,回油腔有一定的背压,运动平稳。但顺序阀调定后,若工作负载减小,系统的功率损失将增大。又由于滑阀结构的顺序阀和换向阀存在泄漏,活塞不能长时间停在任意位置,故该回路适用于工作负载固定且活塞锁紧要求不高的场合。

(2)采用液控顺序阀的平衡回路。

图 3-20 为采用液控顺序阀的平衡回路。由于液控顺序阀的泄漏小,因此其闭锁性能好。活塞下行时,液控顺序阀被进油路上的控制油打开,回油腔没有背压,运动部件由于自重而加速下降,造成液压缸上腔供油不足,液控顺序阀因控制油路失压而关闭,关闭后控制油路又产生压力,液控顺序阀又被打开,顺序阀时开时闭,使活塞在向下运动过程中产生振动和冲击。若在回油路上串联单向节流阀,用于防止活塞下行时的振动和冲击,也可控制流量,起到调速作用。

项目三 液压控制元件的性能

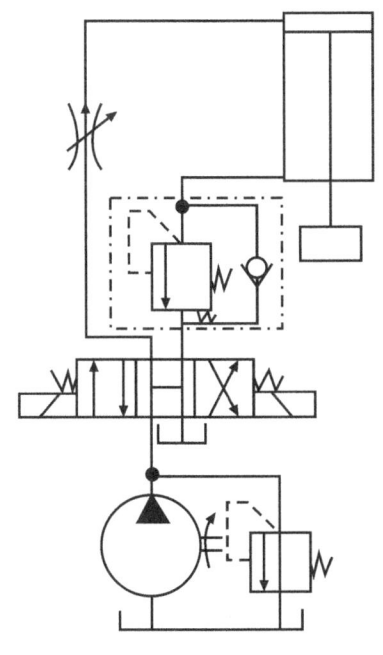

图 3-19 采用单向顺序阀的平衡回路

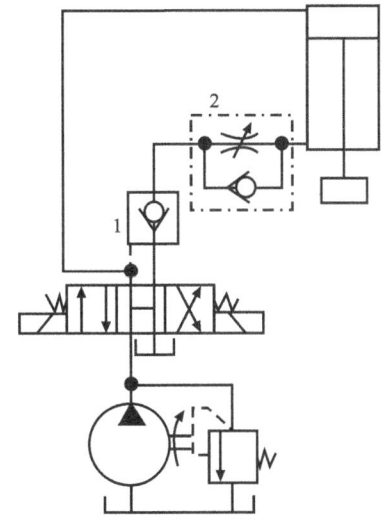

1.单向阀;2.调速阀。

图 3-20 采用液控顺序阀的平衡回路

四、溢流阀与减压阀、顺序阀的比较

相同点:三种阀都是压力控制阀,它们的工作原理基本相同,都是以压力油的控制压力来使阀口启闭。

三种阀的不同点:①控制压力。减压阀是出口压力控制,保证出口压力为定值;溢流阀是进口压力控制,保证进口压力为定值;顺序阀可用进口压力控制,也可用外部压力控制。②不工作时阀口状态。减压阀阀口常开,溢流阀阀口常闭,顺序阀阀口常闭。③工作时阀口状态。减压阀阀口关小,溢流阀阀口开启,顺序阀阀口开启。④泄油口。减压阀有单独的泄油口,顺序阀通常有单独的泄油口,溢流阀弹簧腔的泄漏油经阀体内流道内泄至出口(内泄式)。

五、调压回路

为了使系统的压力与负载相适应并保持稳定或为了安全而限定系统的最高压力,都要用到调压回路。调压回路用来调定或限制液压系统的最高工作压力,或者使执行元件在工作过程的不同阶段能够实现多种不同的压力变换。当液压系统工作时,只要溢流阀始终能够处于溢流状态,就能保持溢流阀进口的压力与调定压力基本相等,如果将溢流阀并接在液压泵的出油口,就能达到调定液压泵出口压力基本保持不变的目的。调压回路分为单级调压回路、多级调压回路以及采用电液比例溢流阀的无级调压回路。下面介绍几种常用的调压回路。

1. 单级调压回路

单级调压回路中使用的溢流阀可以是直动式或先导式结构(图 3-21)。正常工作时,溢流阀始终处于开启溢流状态,使系统工作压力稳定在溢流阀调定压力值附近。

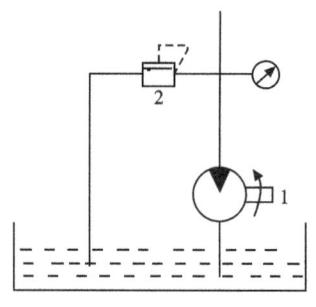

1.液压泵;2.溢流阀。

图 3-21　单级调压回路示意图

2. 多级调压回路

当需要对一个动作复杂的液压系统进行更多级压力控制时,可采用多级调压回路实现这一功能要求,但回路的组成元件多,油路结构复杂,而且系统的压力变化级数有限。图 3-22 为多级(三级)调压回路示意图。

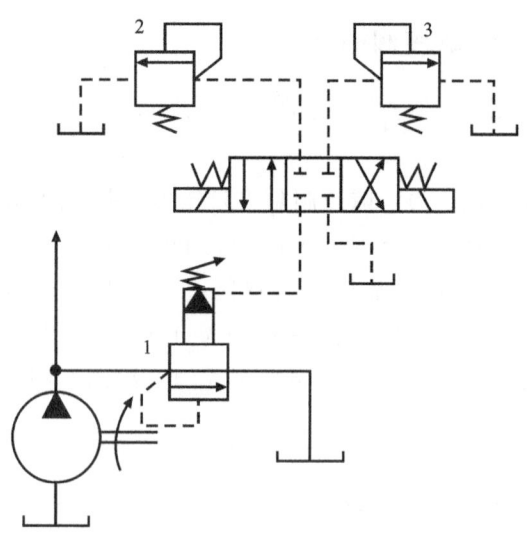

图 3-22　多级(三级)调压回路示意图

值得注意的是:溢流阀 2 和溢流阀 3 的调定压力要设置得比主溢流阀 1 的调定压力低,溢流阀 2 的调定压力与溢流阀 3 的调定压力没有相关性,通常设定为两个不同的低压。

图 3-22 中三级压力分别由主溢流阀 1、溢流阀 2、溢流阀 3 调定。在该回路中,当电磁铁左、右都断电时,系统压力由主溢流阀 1 调定。当左得电、右断电时,系统压力由溢流阀 2 调定。当左断电、右得电时,系统压力由溢流阀 3 调定。

先导式溢流阀的遥控口串接换向阀和远程调压阀。当两个压力阀的调定压力符合 $p < p_0$ 时,即可实现调压功能。如果在溢流阀的遥控口处通过多位换向阀的不同通口,并联多个调压阀,即可构成多级调压回路。多级调压对于动作复杂、负载、流量变化较大的系统的功率合理匹配、节能、降温具有重要作用。

多级调压回路分为二级调压回路、三级调压回路等。

1)二级调压回路

图 3-23 为二级调压回路示意图。1 为液压阀,当二位二通电磁阀 3 处于图示位置时,系统压力由溢流阀 4 调定。当电磁阀 3 通电后右位工作时,远程调压阀 2 起先导作用,控制溢流阀 4 的主阀芯工作,系统压力由调压阀 2 调定,可实现两种不同的系统压力。但调压阀 2 的调定压力一定要小于溢流阀 4 的调定压力,否则调压阀 2 不起作用。5 为节流阀,用于控制流体流量,稳定压力。

2)三级调压回路

图 3-24 为三级调压回路示意图。换向阀左位工作时,系统压力由阀 9 来调定;换向阀右位工作时,系统压力由阀 8 来调定;而中位时为系统的最高压力,由主溢流阀 6 来调定。将阀 7 接在主溢流阀 6 的远程控制口上,仍为三级调压回路。

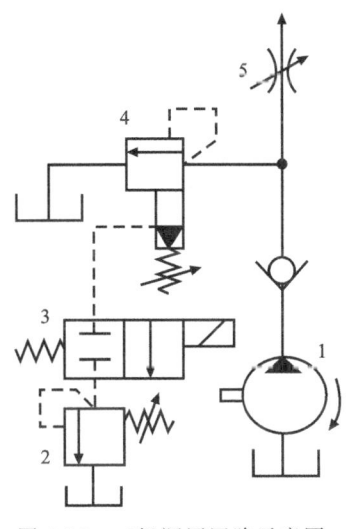

图 3-23 二级调压回路示意图

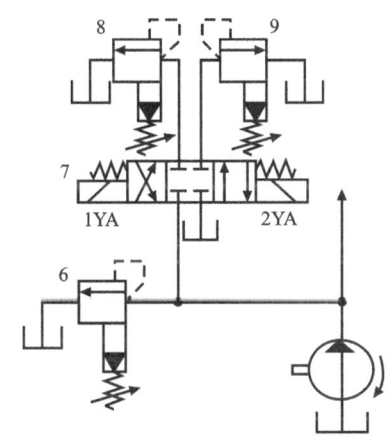

图 3-24 三级调压回路示意图

六、压力继电器

压力继电器是将液压系统中的压力信号转换为电信号的转换装置。

压力继电器的种类很多,图 3-25 所示为柱塞式压力继电器结构原理图和符号图。压力油通过控制油口作用于柱塞 1 上,当油压达到弹簧的调节值时,压力油通过柱塞、顶杆压下微动开关 4 的触头,发出电信号。调节螺钉 3 可调节弹簧的压紧力,即可调节发出电信号时的油液压力值。当控制油口的油压降低到一定值时,微动开关松开,断开电路。

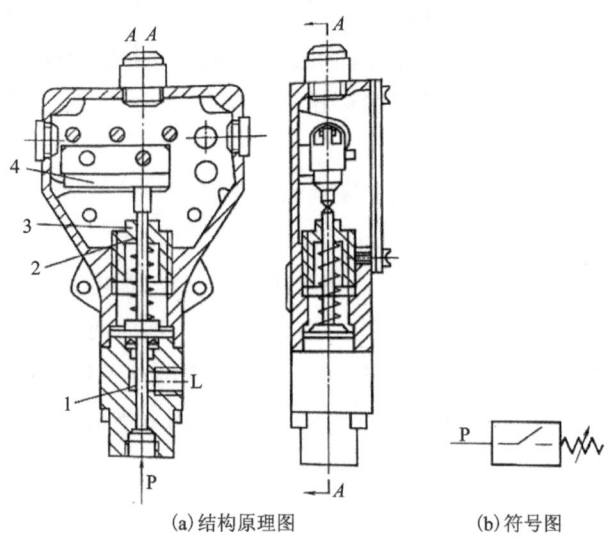

(a)结构原理图　　(b)符号图

1.柱塞；2.顶杆；3.调节螺钉；4.微动开关；P.进油口；L.出油口。

图 3-25　柱塞式压力继电器结构原理图和符号图

压力继电器动作的压力称为动作压力，压力继电器复位时的压力称为复位压力。显然，动作压力高于复位压力，其差值称为通断调节区间(也称为返回区间)。

第三节　流量控制阀与节流调速回路

一、项目知识点

(1)流量控制阀的结构及性能特点、工作原理。
(2)流量控制回路的组成元件、工作原理。

二、项目的重点与难点

项目的重点与难点为节流调速控制回路的原理图。

三、流量控制阀的基本参数

流量控制阀靠改变控制口的大小来改变液阻，从而调节通过阀口的流量，达到改变执行元件运动速度的目的。流量控制阀有节流阀、调速阀等。其中，节流阀是最基本的流量控制阀。

1. 节流阀的流量特性

在系统中，节流阀的节流口无论采用何种形式，通过节流阀的流量(q)都可用 $q = KA\Delta p^m$ 来描述。由此可知，当系数 K、压力差 Δp 和指数 m 一定时，只要改变节流口面积 A 就可改变通过阀口的流量。

当节流阀的通流面积调定后,要求通过阀口的流量能保持稳定不变,以使执行元件获得稳定的速度。但实际上,当通流面积调定后,节流阀前后的压力差、油液温度、孔口形状等许多因素都影响着流量的稳定性。节流阀能正常工作的最小流量称为节流阀的最小稳定流量。图 3-26 为节流阀的流量特性曲线。

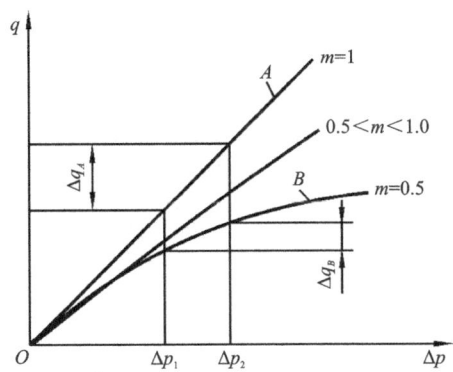

A. 细长小孔的特性曲线;B. 薄壁小孔的特性曲线。
图 3-26 节流阀的流量特性曲线

由图 3-26 分析如下:

(1)压差 Δp 对流量的影响:节流阀两端压力差 Δp 变化时,通过它的流量要发生变化。在三种结构形式的节流口中,通过薄壁小孔的流量受压差改变的影响最小(图中 $\Delta q_B < \Delta q_A$)。

(2)温度对流量的影响:油温直接影响到油液黏度。对于细长小孔,油温变化时,流量也随之改变;对于薄壁小孔,黏度对流量几乎没有影响,流量只受液体密度的影响,故油温变化时流量基本不变。

(3)孔口形状对流量的影响:节流阀的节流口可能因油液中的杂质或油液氧化后析出的胶质、沥青等胶状颗粒而局部堵塞,这就改变了原来节流口通流面积的大小,使流量发生变化,尤其当开口较小时,这一影响更为突出,严重时会完全堵塞而出现断流现象。因此,节流口的抗堵塞性能也是影响流量稳定性的重要因素,尤其会影响流量阀的最小稳定流量。实践表明,节流通道越短和水力半径越大,越不容易堵塞。当然,油液的清洁程度对堵塞也有影响。一般流量控制阀的最小稳定流量为 0.05L/min。

综上所述,为保证流量稳定,节流口的形式以薄壁小孔较为理想——流经薄壁小孔的流量:①受小孔前、后压力差 Δp 变化的影响小。②受油温变化的影响小。因此常用薄壁小孔作为节流元件。

2. 节流阀的结构

图 3-27 为节流阀结构简图和图形符号。油液从进油口 P_1 进入,经阀芯 2 上的三角槽节流口,从出油口 P_2 流出。通过调节手柄 4 与推杆 3 控制阀芯做轴向移动,这样可以改变节流口的通流面积 A,从而改变通过阀口的流量。

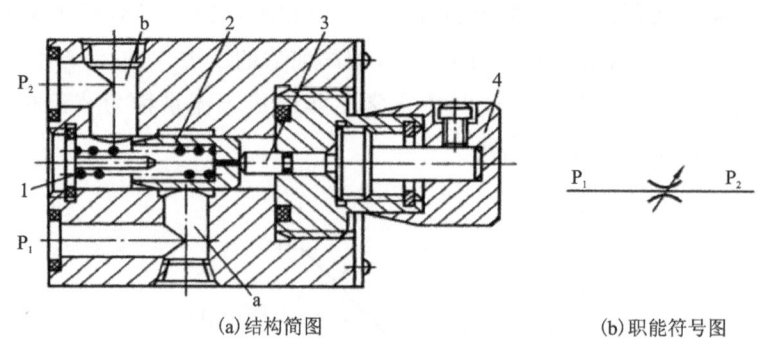

(a)结构简图　　　　　　　(b)职能符号图

1.弹簧；2.阀芯；3.推杆；4.调节手柄；a、b.油路孔道。

图 3-27　节流阀结构简图和图形符号

3. 节流调速的基本形式

在液压系统中,速度控制回路包括调速回路、快速运动回路及速度换接回路。调速回路是用来调节执行元件工作行程速度的回路。液压缸的运动速度为

$$v = \frac{q}{A} \tag{3-5}$$

液压马达的转速为

$$n = \frac{q}{V_M} \tag{3-6}$$

式中　q——输入液压执行元件的流量(L/min)；

　　　A——液压缸的有效面积(m^2)；

　　　V_M——液压马达的排量(L/r)。

由式(3-6)可知,改变输入液压执行元件的流量(或液压马达的排量)可以达到改变液压马达转速的目的。因此,液压系统的调速方法有以下 3 种：①节流调速,采用定量泵供油,由流量阀改变输入液压执行元件的流量来实现调速的方法。②容积调速,采用变量泵或变量马达实现调速的方法。③容积节流(联合)调速,采用变量泵和流量阀相配合的调速方法。

下面对原理比较简单的节流调速回路进行介绍。

四、节流调速回路

在节流调速回路中,由定量泵供油,用流量阀改变输入液压执行元件的流量来实现调速。该回路结构简单,成本低,使用维修方便,得到了广泛应用。但其能量损失大,效率低,发热大,故一般只适用于小功率场合。按其流量阀安放的位置可分为进油路节流调速、回油路节流调速和旁油路节流调速 3 种形式。

1. 进油路节流调速回路

图 3-28 为采用节流阀的进油路节流调速回路。节流阀串联在液压泵和执行元件之间,控制进入液压缸的流量,以达到调速的目的。定量泵多余的油液通过溢流阀流回油箱,泵出口压力为溢流阀的调整压力并基本保持不变。

项目三 液压控制元件的性能

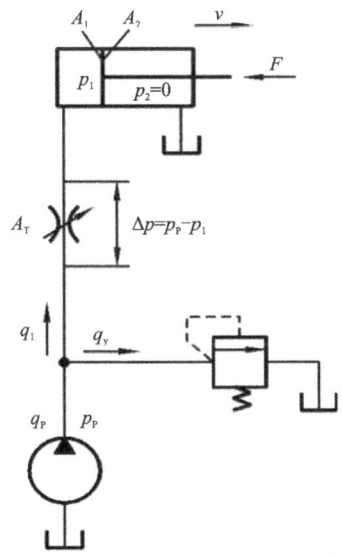

q_P.液压泵流量;v.液压缸活塞速度;q_y.溢流回路流量。

图 3-28 采用节流阀的进油路节流调速回路

当活塞以稳定的速度运动时,作用在活塞上的力平衡方程为

$$p_1 A_1 = p_2 A_2 + F \tag{3-7}$$

式中 p_1、p_2——液压缸进油腔和回油腔的压力(MPa),由于回油腔通油箱,所以 $p_2=0$;

F——液压缸的负载(N);

A_1、A_2——液压缸无杆腔和有杆腔的有效作用面积(mm^2)。

所以

$$p_1 = \frac{F}{A_1} \tag{3-8}$$

因为液压泵的供油压力 p_P 为定值,所以节流阀两端的压力差 Δp 为

$$\Delta p = p_P - p_1 = p_P - \frac{F}{A_1} \tag{3-9}$$

式中 p_P——液压泵的工作压力(Pa)。

通过节流阀的流量可由节流孔的流量特性方程式决定,即

$$q_1 = K \cdot A_T \cdot \Delta p^m = K \cdot A_T \left(p_P - \frac{F}{A_1} \right)^m \tag{3-10}$$

式中 q_1 通过节流阀的流量(m^3);

A_T——节流阀通流面积(m^2);

K——节流阀中节流孔形状和液体性质决定的系数;

m——节流阀中节流孔孔口形状决定的系数。

故活塞的运动速度为

$$V = \frac{q_1}{A_1} = \frac{KA_\text{T}\left(p_\text{P} - \dfrac{F}{A_1}\right)^m}{A_1} \tag{3-11}$$

式(3-11)即为进油路节流调速回路的速度负载特性方程。由式(3-11)可知，液压缸的运动速度和节流阀通流面积 A_T 成正比。调节 A_T 可实现无级调速，这种回路的调速范围较大(速比最高可达 100)。若选用不同的 A_T 值作 V-F 坐标曲线图，可得一组曲线，如图 3-29 所示。

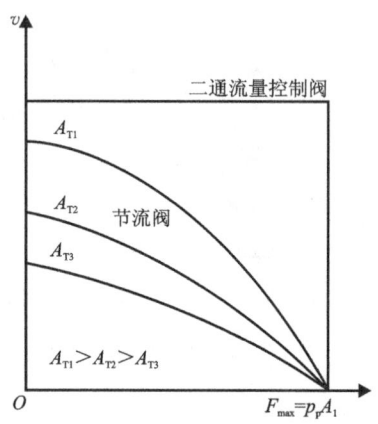

A_{T_1}、A_{T_2}、A_{T_3} 通流面积不同的三种节流阀的通流面积；$F_{\max}$ 最大负载。

图 3-29 进油路节流调速回路的速度负载特性曲线

此速度负载特性曲线表明，曲线越陡，负载变化对速度的影响越大，即速度刚性差。曲线越平缓，刚性就越好。因此，从速度负载特性曲线可知：①当节流阀通流面积不变时，随着负载的增加，活塞的运动速度随之下降。因此，这种调速的速度负载特性较软。②在供油压力已经调定的情况下，回路的最大承载能力不变。

进油路节流调速回路适用于轻载、低速、负载变化不大和对速度稳定性要求不高的小功率液压系统。

2. 回油路节流调速回路

图 3-30 为采用节流阀的回油路节流调速回路示意图。把节流阀串联在执行元件的回油路上，用节流阀调节液压缸的回油流量，也就控制了进入液压缸的流量。定量泵多余的油液经溢流阀流回油箱，泵的出口压力为溢流阀的调整压力并基本稳定。

回油路节流调速回路的速度负载特性和进油路节流调速回路基本相同。因此，进油路节流调速回路的一些分析，对回油路节流调速回路完全适用。但是这两种调速回路仍有许多不同之处。

(1)承受负值负载的能力。回油路节流调速回路的节流阀使液压缸回油腔形成一定的背压，在负值负载时，背压能阻止工作部件的前冲，即能在负值负载下工作；而进油路节流调

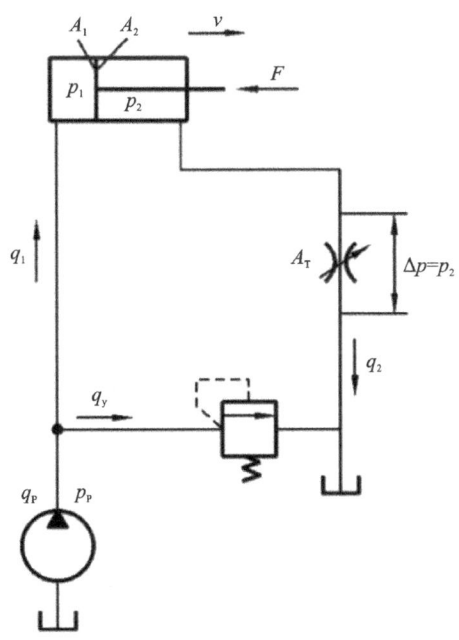

q_P.液压泵流量;v.液压缸活塞速度;q_y.溢流回路流量。

图 3-30 采用节流阀的回油路节流调速回路示意图

速由于回油腔没有背压力,因此不能在负值负载下工作。

(2)停车后的起动性能。长时间停车后,当液压泵重新向液压缸供油时,在进油路节流调速回路中,由于进油路上有节流阀控制流量,故活塞前冲很小,甚至没有前冲;而在回油路节流调速回路中,由于进油路上没有节流阀控制流量,会使活塞前冲。

(3)压力控制的方便性。进油路节流调速回路中,进油腔的压力将随负载而变化,当工作部件碰到死挡铁而停止后,其压力值将升到溢流阀的调定压力,利用这一压力变化来实现压力控制是很方便的;但在回油路节流调速回路中,只有回油腔的压力才会随负载而变化,当工作部件碰到死挡块后,其压力值将降至为零,虽然也可以利用这一压力变化来实现压力控制,但其可靠性差,一般不采用。

(4)运动平稳性。在回油路节流调速回路中,由于有背压力存在,回油路节流调速回路的运动平稳性好,但是在使用单出杆液压缸的场合,无杆腔的进油量大于有杆腔的回油量,进油路节流调速回路的节流阀通流面积较大,低速时不易堵塞。因此,进油路节流调速回路能获得更低的稳定速度。

为了提高回路的综合性能,一般常采用进油路节流调速,并在回油路上加背压阀的回路。

3.旁油路节流调速回路

这种节流调速回路是将节流阀装在与液压缸并联的支路上,如图 3-31 所示。

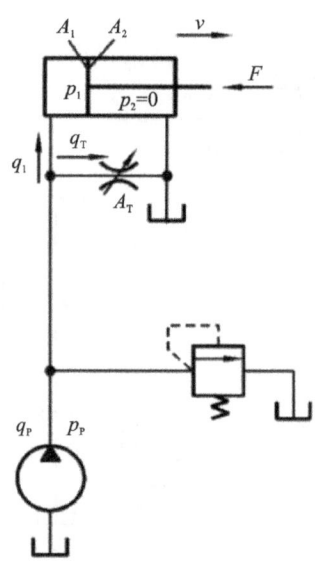

q_P. 液压缸流量；v. 液压缸活塞；

图 3-31 旁油路节流调速回路

节流阀调节液压泵溢回油箱的流量，从而控制进入液压缸的流量，调节节流阀的通流面积，即可实现调速。由于溢流作用已由节流阀承担，故溢流阀实际上是安全阀，常态时关闭。因此，液压泵工作过程中的压力完全取决于负载，所以这种调速方式又称为变压式节流调速。

旁油路节流调速回路只有节流损失而无溢流损失。泵的压力随负载变化。因此，效率较高，但速度负载特性很软，低速承载能力差，故应用较少，一般只用于高速、重载和对速度平稳性要求很低的较大功率系统，如牛头刨床主运动系统、输送机械液压系统等。

4. 节流调速的速度稳定

使用节流阀的节流调速回路，速度负载特性都比较软，变载荷下的运动平稳性都比较差。为了克服这个缺点，回路中的节流阀可由调速阀来代替。调速阀的工作原理见图 3-32。

调速阀由定差减压阀 1 与节流阀 2 串联而成。定差减压阀能自动保持节流阀前、后的压力差不变，从而使通过节流阀的流量不受负载变化的影响。调速阀的进口压力 p_1 由溢流阀调节，工作时基本保持恒定。压力油由 P_1 进入调速阀后，先经过定差减压阀的阀口后压力降为 p_2，然后经节流阀流出，其压力为 p_3。节流阀前后的压力油分别作用在定差减压阀阀芯的两端。若忽略摩擦力和液动力，当减压阀阀芯在弹簧力 F_S、油液压力 p_2 和 p_3 的作用下处于某一平衡位置时，则有

$$p_2 A_1 + p_2 A_2 = p_3 A + F_S \tag{3-12}$$

式中　A_1、A_2、A——f、e、a 腔内压力油作用于阀芯的有效面积（m²），且 $A = A_1 + A_2$。

故

$$p_2 - p_3 = \frac{F_S}{A} \tag{3-13}$$

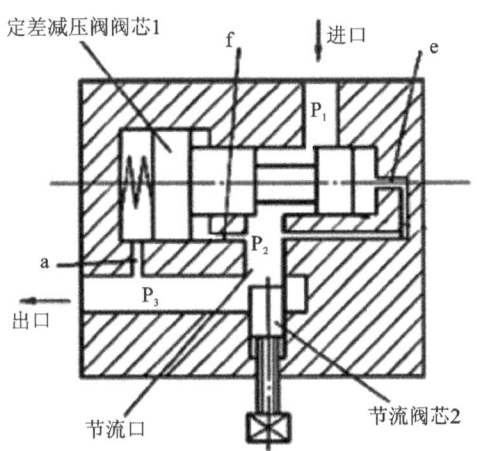

图 3-32 调速阀的工作原理图

因为弹簧刚度较低,且工作过程中减压阀阀芯位移较小,可认为弹簧力基本保持不变,故节流阀两端压力差不变,可保证通过节流阀的流量稳定。

若调速阀出口处油压 p_3 由于负载变化而增加,则作用在阀芯左端的力也随之增加,阀芯失去平衡而右移,于是开口增大,液阻减小,减压阀的减压作用减小,使 p_2 也随之增加,直到阀芯在新的位置上得到平衡为止。因此,压力差基本保持不变。同理,当 p_3 减小时,p_2 也随之减小,故压力差仍保持不变。由于定差减压阀的自动调节作用,使节流阀前后的压力差保持不变,从而保证了流量的稳定。

由于调速阀本身能在负载变化的条件下保证节流阀进、出油口间的压力差基本不变,因而使用调速阀后,节流调速回路的速度负载特性将得到改善。但为了保证调速阀能正常工作,调速阀两端的压力差必须大于最小稳定工作的压力差。由于调速阀的最小压差比节流阀的压差大,所以其调速回路的功率损失比节流阀调速回路要大一些。

为了使调速阀正常工作,调速阀两端必须有一最小压力差,在一般调速阀中为 0.5MPa,在高压调速阀中约为 1.5MPa,具体见产品样本。

5. 流量控制阀的常见故障及排除方法

1) 节流阀流量调节失灵

产生原因:密封装置失效;调节弹簧损坏;阀芯卡住。

排除方法:检修、更换密封装置;检修、更换弹簧;清洗液压阀、去除异物,修理或更换阀芯。

2) 节流阀流量不稳定

产生原因:节流口堵塞,造成时断时续的断流现象;内泄漏严重;油液温度过高;负载变化大,造成节流口压差变化大。

排除方法:拆开清洗,检查油质,过滤油液;拆检阀芯、阀座,更换密封圈;采取降温措施;尽量使负载稳定在允许的范围内。

3)行程节流阀阀芯不能压下或压下后不能复位

产生原因:弹簧失灵;阀芯卡住;泄漏口堵塞或背压过大。

排除方法:更换弹簧;检修、清洗阀芯;将泄油口独立接回油箱,并疏通泄油管路。

4)流量控制阀调速阀流量不稳定:

产生原因:压力补偿阀工作失灵;进出口装反;节流口堵塞;负载压力变化大;内泄漏量大;油温过高。

排除方法:拆开检修;纠正进出口连接;清洗液压阀;检修或更换密封圈;采取降温措施。

5)调速阀流量调节失灵

产生原因:弹簧失效;密封圈损坏;油液污染严重,使阀芯卡死。

排除方法:更换弹簧;更换密封圈;清洗液压阀,油液过滤。

任务七 溢流阀的静态特性测试

一、实训目的

通过实验,深入理解溢流阀稳定工况下的静态特性。静态特性中着重测试调压范围及压力稳定性、卸荷压力及压力损失。

二、溢流阀原理图及所需液压元件

溢流阀的性能测试原理图见图 3-33。

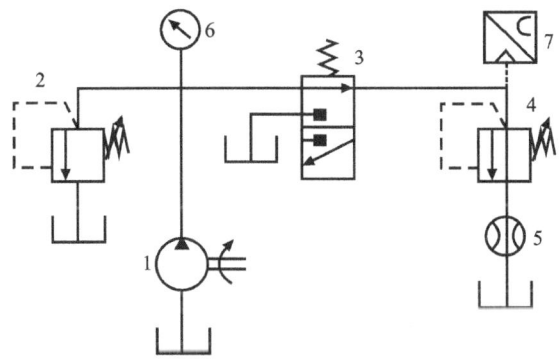

1.液压泵;2.溢流阀;3.方向阀;4.被测试溢流阀;5.流量计;6.压力表;7.压力传感器。

图 3-33 溢流阀的性能测试原理图

三、实训原理

溢流阀分为直动式和先导式两种。虽然结构形式不同,但其基本的工作原理相同。阀体内的控制管路或控制阀芯带有压力补偿。当内部压力升高到超过设定的值时,克服作用在阀芯上的弹簧力将阀芯打开。先导式溢流阀依靠弹簧力和先导油流间接地限制最大压力,其优点是只需要相对小的预紧弹簧力就可满足较高的系统压力和流量的要求。

使用先导式溢流阀时,主阀芯上的液压关闭力几乎与开启位移无关。因此,当流量变化时,所设定的最大压力基本保持不变(即较小的 q-p 依赖关系)。先导式溢流阀弹簧关闭力的变化也比直动式溢流阀小,因为弹簧只具有压差补偿作用(设定压力减去作用压力)。而对于直动式溢流阀来讲,流量的增加会导致阀的开口量增大,这就需要有更大的弹簧预紧力。这表明直动式溢流阀有较高的 q-p 依赖关系。

本实训是针对溢流阀的性能进行测试。溢流阀的性能分为静态特性和动态特性。静态特性是在稳态情况下,溢流阀某些参数之间的关系;动态特性是溢流阀被控参数在发生瞬态变化的情况下,某些参数之间的关系。静态特性分析包括以下几个部分。

1) 调压范围

调压弹簧在规定范围内调节时,系统压力能平稳地上升或下降,且能满足弹簧规定的调压范围,压力无突跳和迟滞现象。

2) 启闭特性

启闭特性包括开启特性和关闭特性。开启特性是阀从关闭状态逐渐开启,流经阀的流量和对应的阀前压力之间的关系。当流经阀的流量为该阀完全开启时实际通过流量的1%时,所对应的阀前压力与调定压力的比值称为开启压力比。关闭特性是指阀从全开启状态逐渐闭合,流经阀的流量和对应的阀前压力之间的关系。

3) 压力稳定性

溢流阀在某一调定压力下工作时,不应有不正常的啸叫声和噪声,并且压力值的波动越小越好。

四、实训步骤及内容

首先按溢流阀的性能测试原理图(图3-33)插接实验回路。然后调整压力范围,测量溢流阀的启闭特性。

1. 调压范围

(1) 旋松溢流阀4手柄,旋紧溢流阀2手柄,启动油泵。

(2) 逐渐旋紧溢流阀4至额定压力6MPa,再旋松,观察压力表的变化。

2. 启闭特性的实训步骤

(1) 将被试阀4调到5MPa,旋松加载溢流阀2。

(2) 旋紧加载溢流阀2,观察量筒的液面变化。

(3) 当被试溢流阀有少量溢流时,应按0.5MPa压力间隔调节加载溢流阀2手柄,用量筒和秒表测出每一个调定压力下所对应的油流体积变化量V和时间t。

(4) 溢流阀4全部打开时,不要动溢流阀4手柄,逐渐旋松加载溢流阀2手柄,用上一步骤中同样方法测出闭合过程中每一个调定压力所对应的油流体积变化量V和时间t。

五、通过以上测试数据,绘制溢流阀的调压曲线(压力-负载曲线和流量-压力曲线,图3-34)

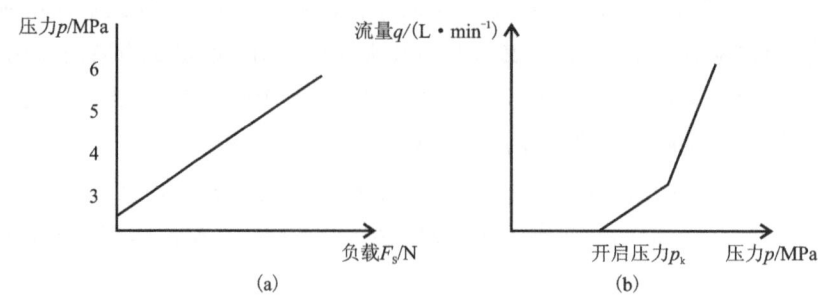

图3-34 压力-负载曲线(a)和流量-压力曲线(b)

思考题

(1)简述溢流阀的调压功能是如何实现的?

(2)溢流阀的开启压力为何大于闭合压力?

(3)溢流阀的阻尼孔有何作用?一旦堵塞,会出现什么情况?

任务八　节流阀的性能测试

一、实训目的

节流阀是通过改变节流口的流通面积或通道长度大小来改变液阻的,从而实现对流量的控制。节流阀经常被用于控制液压缸的活塞速度。通过该实训的练习,绘出节流阀的特性曲线。

二、实训内容和原理

实训内容:设计一个回路,在一定的流量下,测量油液流过节流阀的压差。
实训原理:用溢流阀在节流阀的出口管路上模拟一个负载压力,通过负载压力的变化来观察引起的流量变化。

三、液压回路原理图

液压回路原理图见图 3-35。

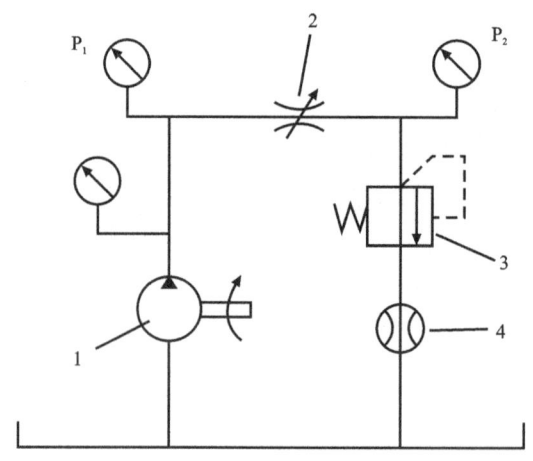

1.液压泵;2.节流阀;3.溢流阀;4.流量计;P_1、P_2.压力表。
图 3-35　液压回路原理图

液压回路所需其他辅助元件为分配接头、压力软管和测量软管。

四、液压回路连接

(1)关掉液压泵,使系统不带压力。
(2)根据所提供的液压回路图,将所需要的各个元件安装在实验台上。
(3)根据液压回路图,连接各个元件。
(4)使用测量软管连接压力表。

五、实验步骤

(1) 检查所连接的回路,确保元件与软管连接正确。
(2) 将溢流阀松开。
(3) 顺时针方向转动节流阀调节旋钮至终点,将节流阀关闭。
(4) 启动液压泵。
(5) 逆时针方向转动节流阀调节旋钮,将节流阀打开半圈。为了调节准确,建议在调节旋钮上标记一个点。
(6) 设置负载压力至20bar(1bar=0.1MPa)。可以从回油路压力表P_2上读出该压力值p_2。
(7) 测量流量并记录下压力表P_1和P_2所显示的压力值(p_1和p_2)。
(8) 在不同负载压力下(25bar、30bar、35bar、40bar和45bar)重复进行测量。
(9) 将节流阀再打开半圈。
(10) 重复步骤(6)~(9)。
(11) 将节流阀再打开半圈。
(12) 重复步骤(6)~(9)。
(13) 关掉液压泵。将安装到面板上的元件拆除归置于原位。
(14) 将测量的数值填入到表3-4中。

表3-4 实训数据记录表

第一个位置				第二个位置				第三个位置			
p_1/bar	p_2/bar	Δp/bar	$q/(\text{L}\cdot\text{min}^{-1})$	p_1/bar	p_2/bar	Δp/bar	$q/(\text{L}\cdot\text{min}^{-1})$	p_1/bar	p_2/bar	Δp/bar	$q/(\text{L}\cdot\text{min}^{-1})$
	20				20				20		
	25				25				25		
	30				30				30		
	35				35				35		
	40				40				40		
	45				45				45		

六、实训数据记录

记录数据,并将压力-流量曲线绘制在二维图中(图3-36)。

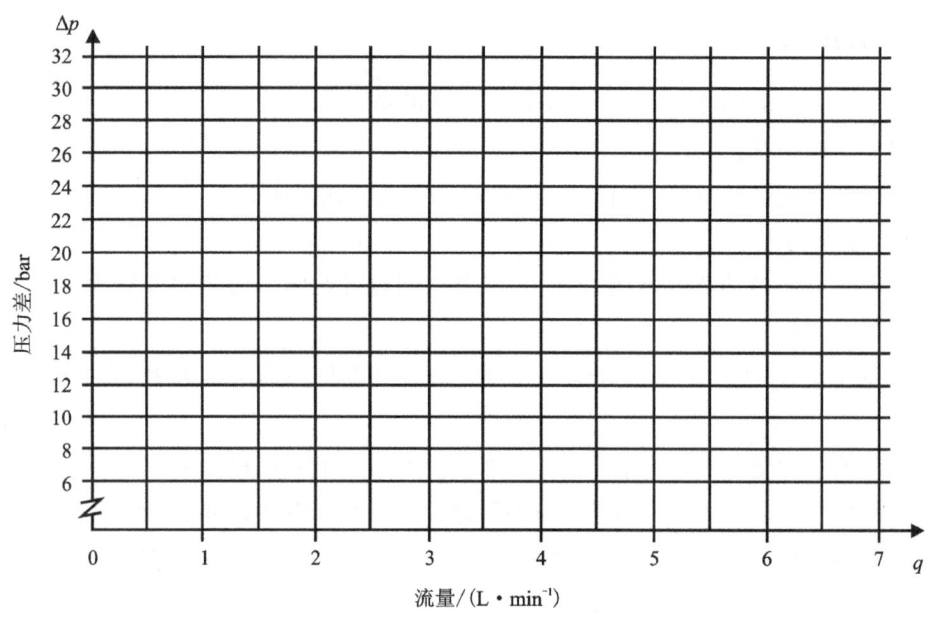

图 3-36 压力-流量曲线图

思考题
(1)在节流口不变的情况下,流量增加,压差 Δp 如何变化?
(2)在流量不变的情况下,节流口越小,压差如何变化?
(3)在压差不变的情况下,流量增加,压力如何变化?

项目三 液压控制元件的性能

任务九 双缸互锁回路设计

一、实训目的

(1)熟悉方向控制阀的基本工作原理,明白方向控制阀是如何对执行元件的动作进行控制的。

(2)掌握在双缸互锁回路中,液压缸活塞杆是如何利用液控单向阀实现伸缩的。

二、实训原理图及液压元件

双缸互锁回路原理图见图 3-37。

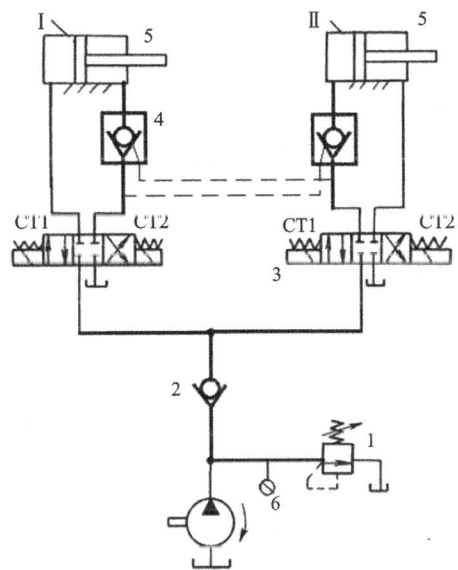

1.直动式溢流阀;2.普通单向阀;3.三位四通电磁换向阀;4.液控换向阀;5、Ⅰ、Ⅱ.液压缸;6.压力表。

图 3-37 双缸互锁回路原理图

三、实训原理

1. 电磁换向阀的换向原理

电磁换向阀是利用电磁铁的推力使阀芯移动实现换向的。图 3-38 中的三位四通电磁阀是 O 型中位机能的方向阀。

结构特点:在中位时,各油口全封闭,油不流通。

机能特点:①工作装置的进、回油口都封闭,工作机构可以固定在任何位置静止不动,即使有外力作用也不能使工作机构移动或转动,因而不能用于带手摇的机构。②从停止到启动比较平稳,因为工作机构回油腔中充满油液,可以起缓冲作用,当压力油推动工作机构开始运动时,因油阻力的影响其速度不会太快,制动时运动惯性引起液压冲击较大。③油泵不能卸载。④换向位置精度高。

2. 液控单向阀的动作原理

图3-38为液控单向阀的原理结构图及职能符号。

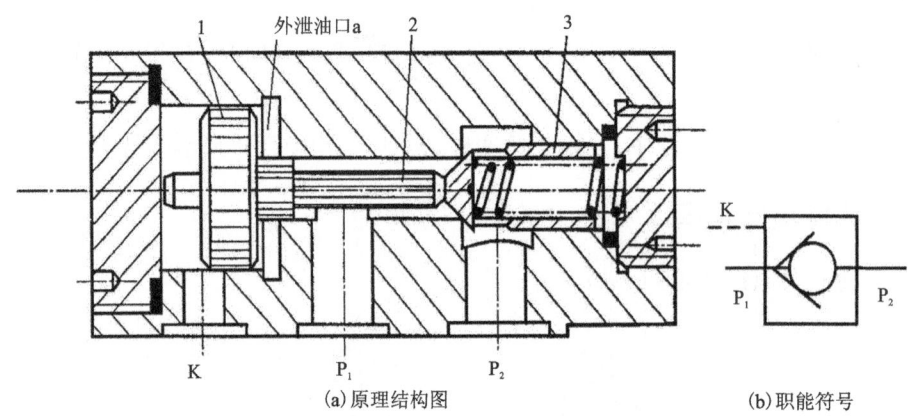

(a)原理结构图　　　　　　　(b)职能符号

1.活塞;2.顶杆;3.单向阀芯;K.控制油口;P_1.进油口;P_2.出油口。

图3-38　液控单向阀的原理结构图及职能符号

液控单向阀是依靠控制流体压力,可以使单向阀反向流通的阀。液控单向阀与普通单向阀不同之处是多了一个控制油路K,当控制油路未接通压力油液时,液控单向阀就像普通单向阀一样工作,压力油只从进油口流向出油口,不能反向流动。当控制油路油控制压力输入时,活塞顶杆在压力油作用下向右移动,用顶杆顶开单向阀,使进出油口接通。若出油口大于进油口就能使油液反向流动。

四、实训步骤

(1)按双缸互锁回路原理图(图3-37)连接系统。

(2)将CT1连接到电磁阀控制面板上,CT2连接到电磁阀控制面板上。

(3)开启实训台总控制开关,完全释放直动式溢流阀的手柄。

(4)启动油泵,调定溢流阀压力即系统最大压力小于5MPa。

(5)使CT1得电,油缸伸出,CT1断电,油缸停止;使CT2得电,油缸收回,CT2断电,油缸停止。

(6)活塞杆完成伸缩过程后,及时拆卸元件,放回原位。

五、需要注意的事项

(1)使用三位四通电磁阀时,不能使两边电磁线圈同时得电。

(2)因为三位四通电磁阀有中位关闭位置,所以可以将油缸停留在任何位置。

(3)对于液控单向阀,弄清其在回路中进油口与出油口的连接位置,以及控油口的正确使用。

项目三 液压控制元件的性能

思考题
(1)说明三位四通换向阀有哪些类型并绘出每种类型处于中位机能位置的符号简图。
(2)简述本液压传动回路的工作原理。

任务十　速度换接回路设计

一、实训目的

（1）设计一个液压回路和一个电路，通过换向阀 Y2 的切换，使液压缸在伸出的过程中具有两个不同的工作速度。液压缸返回不进行速度换接。

（2）通过本实验了解液压系统速度换接的常规工作模式，熟练掌握一种速度换接的常用控制方式。

二、实训内容和原理

该实训是关于快进-工进回路的练习。在实训中，要求在活塞伸出方向上实现快进-工进的换接动作。当有杆腔的油流在低背压的工况下通过换向阀直接流回油箱（低阻力）时，液压缸快速伸出；当到达一个特定的位置时，一个传感器连同一个继电器一起动作，使某个换向阀换向，切断原来导通的流道，使油液只能通过一个两通调速阀流过，达到调速的目的。液压缸返回时不需要速度换接，而是快速返回。

背压以及背压阀的作用是什么？背压（back pressure）指的是后端的压力，通常用于描述系统排出的流体在出口处或二次侧受到的与流动方向相反的压力（大于当地大气压）。通常是指运动流体在密闭容器中沿其路径（譬如管路或风通路）流动时，由于受到障碍物或急转弯道的阻碍而被施加的与运动方向相反的压力。

背压阀的工作原理：背压阀是通过内置弹簧的弹力来实现动作的。当系统压力比设定压力小时，膜片在弹簧弹力的作用下堵塞管路；当系统压力比设定压力大时，膜片压缩弹簧，管路接通，液体通过背压阀。背压阀结构与单向阀相似，但开启压力大于单向阀，在 0.2～0.6MPa 之间。

出口管道上的单向阀用于防止液体回流，背压阀用于保持泵出口有一恒定压力。在要求不是很严格的系统中可作为安全阀使用。

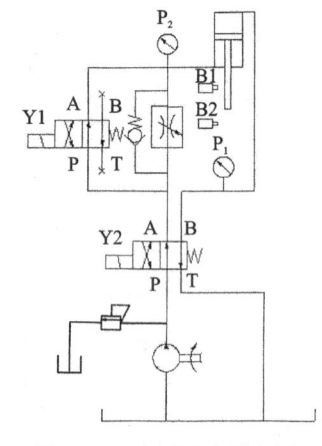

图 3-39　液压回路原理图

三、液压回路原理图

液压回路原理图见图 3-39。液压回路电路图见图 3-40。

所需元件：溢流阀 1 个，调速阀 1 个，二位四通换向阀 2 个，压力表 2 个，单向阀 1 个，分配接头 2 个，测量软管 2 根，电感式限位开关 2 个，压力软管若干。

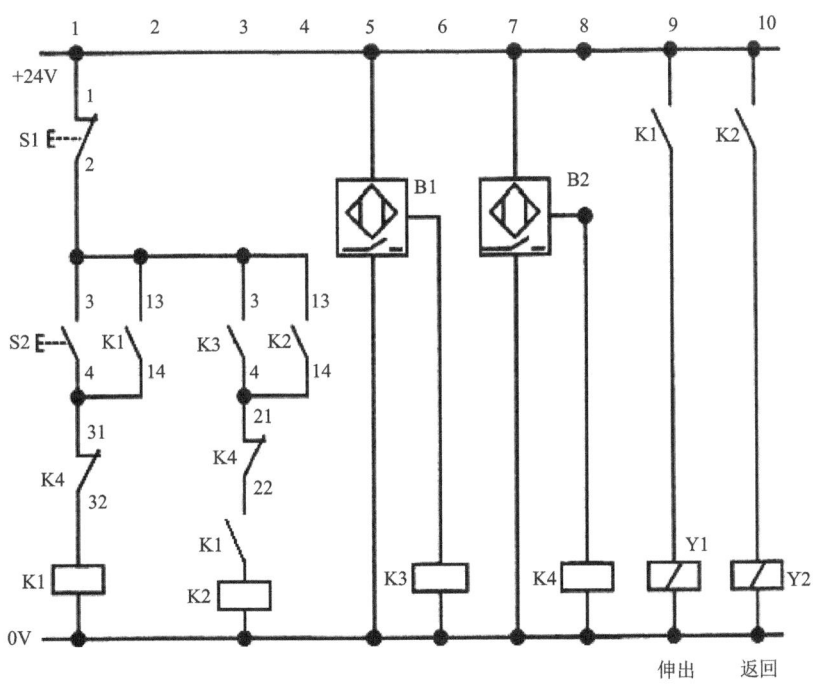

图 3-40 液压回路电路图

四、液压回路连接

(1) 关掉液压泵,使系统不带压力。
(2) 将所需要的液压元件安装在试验台上。
(3) 根据液压回路原理图 3-39,使用压力软管连接各个元件。
(4) 连接回路时,必须确保重物已从液压缸上卸下。严禁带负荷进行连接回路操作。
(5) 检查传感器的位置,如果液压缸碰到传感器的话,液压缸的有机玻璃罩和传感器都有可能会被损坏。

五、实训步骤

(1) 检查所连接的回路,确保元件与软管连接正确。
(2) 启动液压泵。
(3) 将两通调速阀的开口位置设置在 1.0 上。
(4) 使液压缸伸出,记录并将液压缸快速运动和工进运动的时间以及压力填入到表 3-5 中。
(5) 使液压缸返回,记录并将液压缸返回运动的时间以及 P_1 和 P_2 填入到表 3-5 中。
(6) 将调速阀的开口位置设置在 1.5 上,重复步骤(4)和步骤(5)。
(7) 关掉液压泵,将安装到面板上的元件拆下,归置于原位。

六、实训数据记录

表 3-5 速度换接回路数据记录表

液压缸		调速阀(开口位置)	
		1.0	1.5
快进	p_1/bar		
	p_2/bar		
	时间/t		
工进	p_1/bar		
	p_2/bar		
	时间/t		
快退	p_1/bar		
	p_2/bar		
	时间/t		

思考题

(1)在快速运动过程中,对应于泵的最大排量,液压缸以最大速度伸出,此时进油路压力值应大致为多少?

(2)油缸返回行程为何不需要进行速度换接?

(3)活塞返回行程时,背压主要是由哪个元件产生的?背压较大还是较小?

项目四 液压辅助元件的性能

一、项目目标

项目目标可细分为知识目标、能力目标、素养目标和课程思政(表 4-1)。

表 4-1 项目目标细分表

知识目标	①了解蓄能器的类型和结构; ②了解蓄能器的作用; ③了解其他辅助元件的作用
能力目标	掌握充气式蓄能器的保压原理
素养目标	通过蓄能器的保压实验,培养学生的动手操作能力,分析问题的能力以及解决问题的能力
课程思政	让学生掌握产品设计的最终保障是"安全第一"的设计理念

二、项目导读

液压辅助装置包括蓄能器、过滤器、油管与管接头、压力表与压力表开关以及油箱等。它们是液压系统中不可缺少的部分,起完整与完善液压系统的作用。

第一节 蓄能器

蓄能器是储存压力能的装置。它应用于间歇需要大流量的系统中,达到节约能量、减少投资的目的;也可应用于液压系统中,起吸收压力脉动及减小液压冲击的作用。

一、蓄能器的类型

蓄能器主要有重锤式、弹簧式和充气式 3 种。最常用的是充气式蓄能器。

充气式蓄能器利用压缩气体储存能量。为安全起见,所充气体应采用惰性气体(一般为氮气)。按蓄能器的结构可分为直接接触式和隔离式两类。隔离式又分为活塞式和气囊式两种。

1. 活塞式蓄能器

图 4-1 为活塞式蓄能器示意图。利用活塞 2 将气体 1 与液压油 3 隔离，其优点是结构简单，工作平稳、可靠，安装、维护方便，寿命长。缺点是由于活塞惯性和摩擦阻力的影响，反应不够灵敏，容量较小。

2. 气囊式蓄能器

图 4-2 为气囊式蓄能器示意图。它利用气囊 3 把油和空气隔离。气囊出口上有气门 1，气门只在为气囊充气时才打开，平时关闭。壳体下部有一个提升阀 4，在工作状态时，压力油液经过提升阀进入，当油液排空时提升阀可以防止气囊被挤出。另外，充气时一定要打开螺塞 5，以便把壳体中的气体放掉，充完气后再拧紧螺塞 5。这种蓄能器，质量最轻，惯性小，反应灵敏，容易维护。但气囊和壳体制造较困难，气囊的使用寿命也较短。

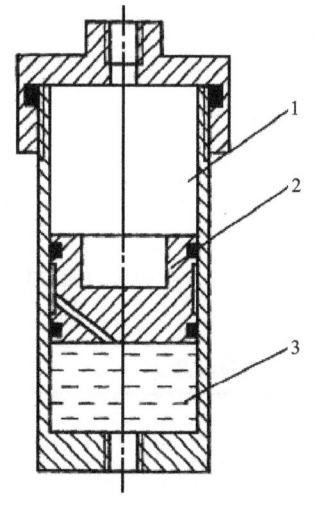

1.气体；2.活塞；3.液压油。

图 4-1　活塞式蓄能器示意图

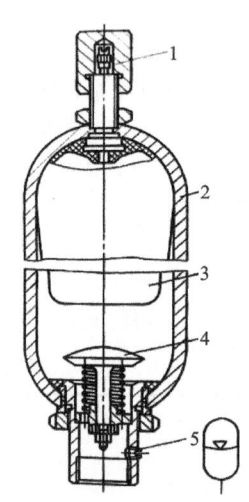

1.气门；2.壳体；3.气囊；4.提升阀；5.螺塞。

图 4-2　气囊式蓄能器示意图

二. 蓄能器的工作原理

液体在压力作用下，体积的变化（在温度不变的情况下）非常的微小，所以如果没有动力源（也就是高压液体的补充），液体的压力会迅速降低。

而气体的弹性则要大得多，因为气体是可压缩的，在有较大的体积变化情况下，气体仍然有可能保持相对高的压力。因此，蓄能器在进行液压系统的液压油补充时，液体的体积已经变化的情况下，高压的气体可以继续维持液压油的压力，而不至于因为液压油的补充，容器内的液压油体积变小，导致液压油的迅速失压。

蓄能器中氮气的作用：氮气性质稳定，不具有氧化或者还原的性能，这对保持液压油性能非常有益，不至于引起液压油的氧化/还原变性。氮气是预充压力，被装在蓄能器的气囊中，与液压油是隔开的。当往蓄能器中充液压油时，由于氮气囊对液压油的压力作用，即液压油的压力等于氮气压力,随着液压油的冲入,氮气囊被压缩,氮气压力增大,液压油的压力随之增大,直到液压油充到设定的压力。

三、蓄能器的作用

1. 作为辅助能源

某些液压系统的执行元件是间歇动作,总的工作时间很短,有些液压系统的执行元件虽然不是间歇动作,但在一个工作循环内(或一次行程内)速度差别很大。在这种系统中设置蓄能器后,即可采用一个功率较小的泵,以减小主传动的功率,使整个液压系统的尺寸小、质量轻、价格便宜。

2. 作为紧急动力源

某些系统要求当泵发生故障或停电(对执行元件的供油突然中断)时,执行元件应继续完成必要的动作。例如为了安全起见,液压缸的活塞杆必须内缩到缸内。在这种场合下,需要有适当容量的蓄能器作为紧急动力源。

3. 补充泄漏、保持恒压

对于执行元件长时间不动作,而要保持恒定压力的系统,可用蓄能器来补偿泄漏,从而使压力恒定。

4. 吸收液压冲击

由于换向阀突然换向,液压泵突然停车,执行元件的运动突然停止,甚至人为地需要执行元件紧急制动等原因,都会使管路内的液体流动发生急剧变化而产生冲击压力(油击)。虽然系统中设有安全阀,但仍然难免产生压力的短时剧增和冲击。这种冲击压力,往往会引起系统中的仪表、元件和密封装置发生故障甚至损坏或者管道破裂,此外还会使系统产生明显的振动。若在控制阀或液压缸冲击源之前装设蓄能器,即可吸收和缓和这种冲击。

5. 吸收脉动、降低噪声

泵的脉动流量会引起压力脉动,使执行元件的运动速度不均匀,产生振动、噪声等。在泵的出口处并联一个反应灵敏而惯性小的蓄能器,即可吸收流量和压力的脉动,降低噪声。

四、蓄能器的安装以及使用

(1)在安装蓄能器时,应将油口朝下垂直安装。

(2)装在管路上的蓄能器,必须用支架固定。

(3)蓄能器是压力容器,在搬运和拆装的时候,应先排除内部气体,操作时要注意安全。

(4)蓄能器与管路系统之间应安装截止阀,便于在系统长期停止工作以及充气或检修时,将蓄能器与主油路断开。

(5)蓄能器与液压泵之间应设单向阀,以防止液压泵停转时,蓄能器内的压力油倒流。

(6)用于吸收液压冲击和脉动压力的蓄能器应尽可能装在振源附近,并便于检修。

第二节　其他辅助元件

下面简单介绍几种常用的液压辅助元件——油箱、滤油器。

一、油箱的结构和功用及其安装使用

油箱的功用主要是储存油液,此外还起着散发油液中热量(在周围环境温度较低的情况下则是保持油液中热量)、分离油液中的空气和沉淀油液中的杂质的作用。

(一)油箱的分类

油箱按其形状分为矩形油箱、圆形油箱及异形油箱;按其液面是否与大气相通分为开式油箱和压力式油箱。开式油箱直接或通过空气过滤器间接与大气相通,油箱液面压力为大气压力。压力式油箱完全封闭,由空压机将充气经滤清、干燥、减压(表压力为 0.05~0.15MPa)后通往油箱液面之上,使液面压力大于大气压力,从而改善液压泵的吸油性能,减少气蚀和噪声。

在液压系统中,油箱有整体式和分离式两种。整体式油箱是利用主机的内腔作为油箱(如压铸机、注塑机等),其结构紧凑,漏油易于回收,但维修不便,散热条件不好。而分离式油箱与主机分离和泵组成一个独立的供油单元(泵站),减少了油箱发热和液压源振动对主机工作精度的影响,因此得到了普遍的应用,特别是在精密机械上。

有些小型液压设备,常将泵-电动机装置及液压控制阀安装在油箱的顶部组成一体,称为液压站。对大、中型液压设备一般采用独立的分离式油箱,即油箱与液压泵、电动机装置及液压控制阀分开放置。当液压泵与电动机装置安装在油箱侧面时,称为旁置式油箱;当液压泵与电动机装置安装在油箱下面时,称为下置式油箱(高架油箱)。

(二)油箱的典型结构

如图 4-3 所示,油箱内部用隔板 7、9 将吸油管 1 与回油管 4 隔开。顶部、侧部和底部分别装有滤油网 2、油位计 6 和排放污油的放油阀 8。安装液压泵及其驱动电动机的安装板 5 则固定在油箱顶面上。

使用中需要注意的事项有以下几点:

(1)油箱的有效容积(油面高度为油箱高度 80%时的容积)一般按液压泵的额定流量估算,在低压系统中取液压泵每分钟排油量的 2~4 倍,中压系统为 5~7 倍,高压系统为 6~12 倍。

(2)吸油管和回油管应尽量相距远些,两管之间要用隔板隔开,以增加油液循环距离,使油液有足够的时间分离气泡,沉淀杂质,消散热量,隔板高度最好为箱内油面高度的 3/4。

(3)为便于清洗,油箱底部应有适当斜度,并在最低处设置油塞,换油时可使油液和污物顺利排出。

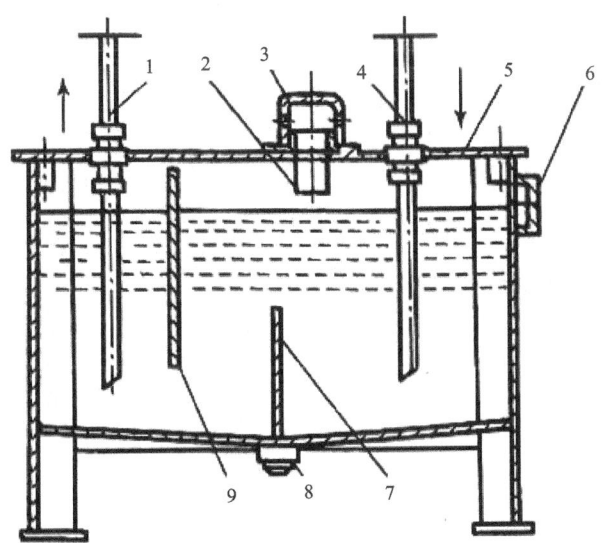

1.吸油管;2.滤油网;3.加油口的旋转盖子;4.回油管;5.安装板;6.油位计;7、9.隔板;8.放油阀。

图 4-3 油箱的结构

(4)在易见的油箱侧壁上设置油位计(俗称油标),以指示油位高度。

(5)油箱的正常温度应在 15~65℃之间,在环境温度变化较大的场合要安装冷却器或加热器。

(三)油箱的安装方式

根据油箱的液压泵和电动机的安装位置分为卧式和立式两种方式。卧式安装时,液压泵及油管接头露在油箱外面,安装和维修较方便;立式安装时,液压泵和油管接头均在油箱内部,便于收集漏油,油箱外形整齐,但维修不方便(图 4-4)。

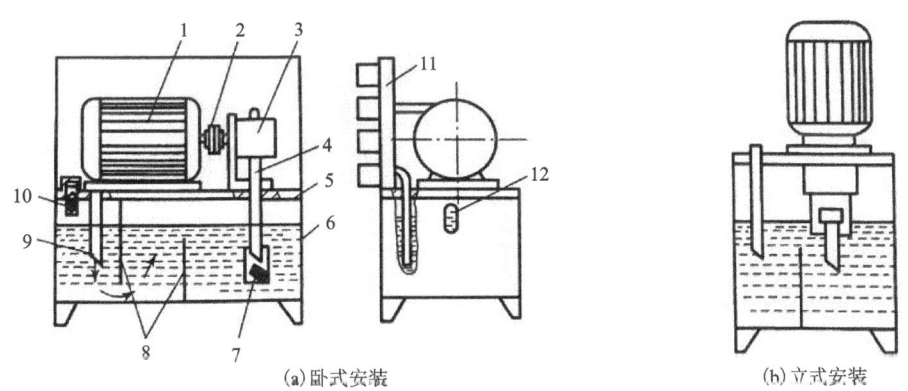

1.电动机;2.联轴器;3.液压泵;4.吸油管;5.盖板;6.油箱体;7.滤油器;8.隔板;9.回油管;10.加油口;11.立板;12.油位指示器。

图 4-4 油箱的安装方式

二、滤油器的结构、工作原理及其选用

液压系统中75%的故障与液压油的污染有关,保持油液的清洁是液压系统能够可靠工作的关键。滤油器的功用是清除油液中的各种杂质,以免划伤或磨损甚至卡死相对运动的零件;或者堵塞零件上的小孔及缝隙,影响系统的正常工作,降低液压元件的寿命,甚至造成液压系统的故障。

1. 滤油器的结构和工作原理

如图 4-5 所示,油液从进油口进入滤油器,沿滤芯的径向由外向内通过滤芯,油液中的颗粒被滤芯中的过滤层滤除,进入滤芯内部的油液即为洁净的油液,过滤后的油液从出油口排出。

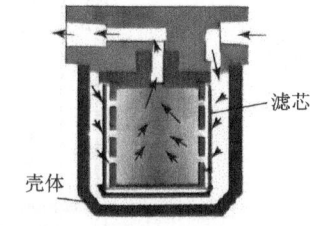

图 4-5　线隙式滤油器的结构及工作原理

2. 滤油器的类型与结构

不同的液压系统对油液的过滤精度要求不同,过滤器的过滤精度是指过滤器对各种不同尺寸粒子的滤除能力,常用绝对过滤精度和过滤比两个指标来衡量过滤精度。目前,国际标准化组织已将过滤比作为评定过滤器精度的性能指标。我国目前仍按绝对过滤精度将滤油器分为粗、普通、精、特精 4 种。

按滤芯材料和结构的不同,常用滤油器可分为以下几种。

1)网式滤油器

如图 4-6 所示,网式滤油器通过铜丝网许多细小孔来滤去油中的杂质颗粒,铜丝网单位面积小孔个数越多,孔越小,过滤精度就越高。网式滤油器结构简单、通油能力大、压力损失小(0.004MPa),清洗、换芯方便,但过滤精度低。网式滤油器常用于泵的吸油管路对油液粗过滤。

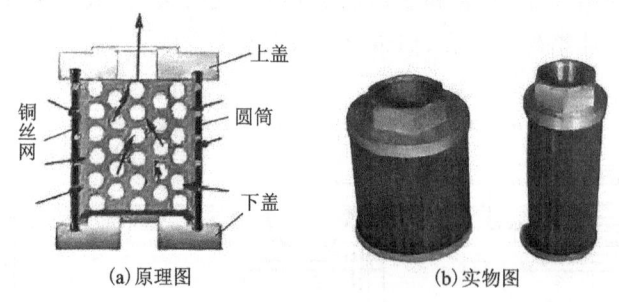

(a)原理图　　　(b)实物图

图 4-6　网式滤油器

2)线隙式滤油器

它的滤芯由铜线或铝线绕在筒形芯架上而形成(芯架上有许多纵向槽和径向孔),通过铜线与铜线间的微小缝隙过滤。其特点是结构简单、通油能力大、过滤精度高于网式滤油器,但不易清洗、滤芯强度较低。线隙式滤油器常用于低压或辅助油路中。

3)烧结式滤油器

如图 4-7 所示,烧结式滤油器的滤芯 3 通常由青铜等颗粒状金属烧结而成,它装在壳体

2中,并由端盖1固定。利用颗粒间的微孔去除油中的杂质,过滤精度高(10~100μm)、抗腐蚀、强度大、耐高温、性能稳定、制造简单,但压力损失大(0.03~0.2MPa)、清洗困难,颗粒脱落影响过滤精度。烧结式滤油器主要用于工程机械等设备的液压系统中。

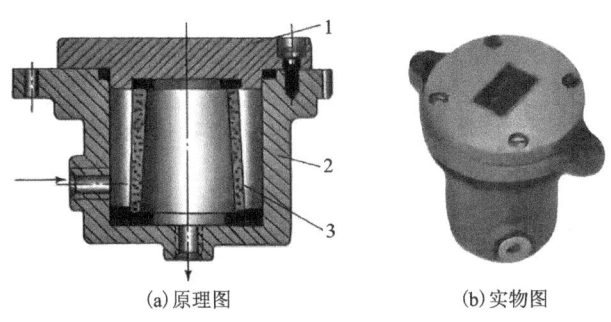

(a)原理图　　　(b)实物图

1.端盖；2.壳体；3.滤芯。

图4-7　烧结式滤油器

4)纸芯式滤油器

如图4-8所示,纸芯式滤油器与线隙式类同,只是滤芯的材质和结构有所不同。滤芯有3层:外层为粗眼钢板网,中层为折叠成"W"形的滤纸,内层由金属丝网与滤纸折叠而成,有利于提高强度,增大过滤面积,延长使用寿命。过滤精度高(5~30μm)、压力损失小(0.01~0.04MPa)、质量轻、成本低,但不能清洗,需定期更换滤芯。其主要用于精密机床、数控机床、伺服机构、静压支撑等要求过滤精度高的液压系统中。

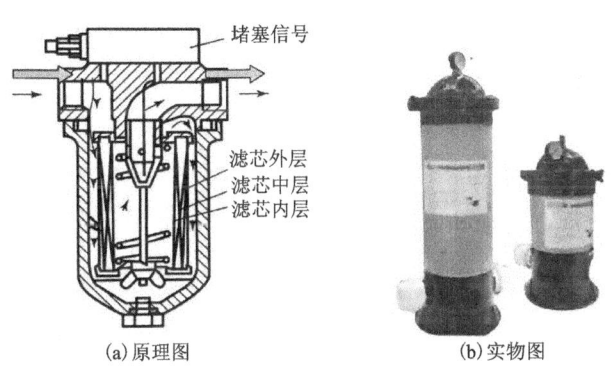

(a)原理图　　　(b)实物图

图4-8　纸芯式滤油器

任务十一　蓄能器保压回路实训

一、实训目的

(1)了解蓄能器的保压原理与实现过程。
(2)加深对有关控制阀的动作原理认识。

二、实训原理图以及所需元件

蓄能器保压原理图见图4-9。

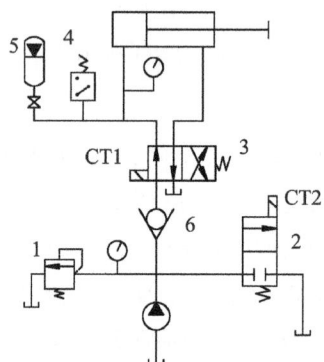

1.溢流阀;2.二位二通电磁阀;3.二位四通电磁阀;4.压力继电器;5.蓄能器;6.单向阀。

图4-9　蓄能器保压原理图

三、实训内容

充气式蓄能器的特点:气液直接接触式蓄能器充入惰性气体。优点是容量大、反应灵敏,运动部分惯性小,没有机械磨损。但是因为气液直接接触,尺寸小,充气压力有限;密封困难,气液相混的可能性大。这种蓄能器气体消耗量较大,元件易汽蚀,容积利用率低。充气式蓄能器主要有活塞式蓄能器和气囊式蓄能器2种类型。

(1)活塞式蓄能器利用活塞将气体和液体隔开,活塞和筒状蓄能器内壁之间有密封,所以油不易氧化。这种蓄能器寿命长、质量轻、安装容易、结构简单、维护方便,但是反应灵敏性差,不适于低压吸收脉动。

(2)气囊式蓄能器,工作前,从充气阀向皮囊内充进一定压力的气体,然后将充气阀关闭,使气体封闭在皮囊内。要储存的油液从壳体底部限位阀处引到皮囊外腔,使皮囊受压缩而储存液压能。其优点是惯性小,反应灵敏,结构紧凑,重量轻,充气方便。

本实训选用的是气囊式蓄能器。

四、实训步骤

(1)按照蓄能器保压原理图(图 4-9),用软管和快速接头连接有关元件。

(2)检查管路以及电气部分,确认无问题。

(3)启动液压泵,调定系统的压力值为 4MPa。

(4)调定压力继电器 4 的整定值 2～3MPa。

(5)打开蓄能器的开关,蓄能器开始充压。当油缸向右行程到终点时,油泵继续向蓄能器供油,直到供油压力升至压力继电器 4 调定值时,压力继电器发信号,使电磁铁 CT2 通电,油泵卸荷。

(6)此时,关闭电机,系统的工作压力由蓄能器保压。

(7)当油缸压力下降到压力继电器下限时,压力继电器使 CT2 断电,油泵重新向系统供油,蓄能器充压。

思考题

(1)蓄能器在回路中的作用?

(2)压力继电器的作用?

主要参考文献

李岚,陈曼龙,冯志君,等,2013.液压与气压传动[M].武汉:华中科技大学出版社.
张爱山,肖珑,2008.液压与气压传动[M].北京:清华大学出版社.
张群生,2019.液压与气压传动[M].4版.北京:机械工业出版社.